数控车削加工技术

主 编 韩喜峰 喻志刚 石 磊

副主编 李 堃 陈 丽 侯玉芹 李 乐

主 审 黄卫山

北京理工大学出版社
BEIJING INSTITUTE OF TECHNOLOGY PRESS

内 容 提 要

本教程系统介绍数控车床的安全操作基础、机床操作规范、数控车削零件编程基础、数控车削零件加工工艺、数控车削零件检测等知识和技能。本教程采用项目任务式编写形式，通过【任务要求】—【学力目标】—【知识准备】—【任务实施】—【任务总结评价】等模块依次递进，引导学生明确各任务的学习目标，学习与任务相关的知识与技能，实施学练结合、学做合一。

本教程可作为数控技术应用专业、模具设计及制造专业、机电一体化专业的中等职业教育教材，也可作为从事数控车床工作的工程技术人员的参考书及培训用书。

版权专有　侵权必究

图书在版编目（CIP）数据

数控车削加工技术 / 韩喜峰，喻志刚，石磊主编
.—北京：北京理工大学出版社，2021.9
ISBN 978-7-5682-7965-9

Ⅰ.①数⋯　Ⅱ.①韩⋯②喻⋯③石⋯　Ⅲ.①数控机床—车床—车削—加工工艺—中等专业学校—教材　Ⅳ.
①TG519.1

中国版本图书馆CIP数据核字（2019）第253346号

出版发行 / 北京理工大学出版社有限责任公司
社　　址 / 北京市海淀区中关村南大街5号
邮　　编 / 100081
电　　话 /（010）68914775（总编室）
　　　　　（010）82562903（教材售后服务热线）
　　　　　（010）68944723（其他图书服务热线）
网　　址 / http://www.bitpress.com.cn
经　　销 / 全国各地新华书店
印　　刷 / 定州市新华印刷有限公司
开　　本 / 889毫米×1194毫米　1/16
印　　张 / 15　　　　　　　　　　　　　　　责任编辑 / 梁铜华
字　　数 / 339千字　　　　　　　　　　　　　文案编辑 / 梁铜华
版　　次 / 2021年9月第1版　2021年9月第1次印刷　责任校对 / 周瑞红
定　　价 / 42.00元　　　　　　　　　　　　　责任印制 / 边心超

图书出现印装质量问题，请拨打售后服务热线，本社负责调换

前　言

随着国家"中国制造2025"战略发展的部署和重大项目的实施，为了更好地适应和服务新的经济社会发展方式，如何按照习近平总书记在职业教育重要指示中提出的"知行合一"要求，把"知"和"行"统一起来，把理论和实践融合起来，是贯穿职业教育的关键问题。为了有效解决中职学校数控技术应用专业人才培养中的知行合一问题，编者在多年的理实一体化教学改革实践的基础上，秉承好学易做的原则，开发本教程，旨在有效实施数控技术应用专业核心课程"数控车削加工技术"的理实一体化教学。

本教程采用项目任务式编写形式，通过【任务要求】—【学习目标】—【知识准备】—【任务实施】—【任务总结评价】等模块依次递进，引导学生明确各任务的学习目标，学习与任务相关的知识与技能，实施学练结合、学做合一。

本教程以华中数控系统为例，图文并茂，系统介绍数控车床的安全操作基础、机床操作规范、数控车削零件编程基础、数控车削零件加工工艺、数控车削零件检测等知识和技能。本教程充分体现了任务引领、实践导向课程的设计思路，以任务为载体实施教学，选取的教学任务符合该门课程的工作逻辑，形成了体系；本书内容设计体现了先进性、通用性、实用性，更符合学生的学习需要，通过典型的零件加工，引入必需的理论知识，由易到难，强调实践过程中的训练，注重学生的学习兴趣和"工匠精神"的培养，让学生在完成任务的过程中逐步提高职业能力，真正做好易学易教。

本书由武汉机电工程学校的"湖北省数控专家"韩喜峰、"数控大赛"获奖教师喻志刚、"武汉市数控技术能手"石磊三位教师主编。武汉机电工程学校李堃、陈丽、侯玉芹、李乐任副主编，黄卫山担任主审。北京精雕科技集团武汉分公司的赵汝广、禹莹两位工程师对本书的编写提供了大量的帮助。感谢湖北工业大学的胡松林教授、武汉城职业技术学院何锡武教授、武汉交通职业学院陶松桥教授对本书编写的指导和帮助。

由于时间仓促，编者水平有限，书中难免有不当之处，恳请同行专家和读者批评指正。

编　者

目　录

项目一　数控车床基本操作 ... 1

任务 1-1　数控车床基础知识 ... 2

任务 1-2　数控车床面板功能 ... 12

任务 1-3　数控车床手动操作与试切削 ... 24

任务 1-4　数控车床程序输入与编辑 ... 32

任务 1-5　数控车床 MDI 操作及对刀 ... 37

项目二　轴类零件加工 ... 49

任务 2-1　阶梯轴零件加工 ... 50

任务 2-2　切槽及切断零件加工 ... 64

任务 2-3　锥度面零件加工 ... 76

任务 2-4　圆弧面零件加工 ... 88

任务 2-5　多阶梯轴零件加工 ... 98

任务 2-6　螺纹零件加工 ... 110

项目三　套类零件加工 ... 125

任务 3-1　内轮廓零件加工 ... 126

任务 3-2　调头零件加工 ... 140

目 录

项目四　典型零件加工 153

　　任务 4-1　典型零件加工（一）... 154

　　任务 4-2　典型零件加工（二）... 176

项目五　综合零件加工 207

　　任务 5-1　综合零件加工（一）... 208

　　任务 5-2　综合零件加工（二）... 220

参考文献 234

项目一
数控车床基本操作

任务 1-1　数控车床基础知识

任务 1-2　数控车床面板功能

任务 1-3　数控车床手动操作与试切削

任务 1-4　数控车床程序输入与编辑

任务 1-5　数控车床 MDI 操作及对刀

任务 1-1 数控车床基础知识

一、任务要求

（1）了解数控车床的种类。
（2）认识数控车床的结构组成。
（3）熟悉数控车削的加工特点及应用场合。

二、学习目标

（1）能指出数控车床的型号标记中各代码的含义。
（2）能区分数控车床的各组成部分及作用。
（3）具有区分立式数控车床、水平导轨式数控车床和倾斜导轨式数控车床的能力。

三、知识准备

（一）数控车床概述

数控（Numerical Control，NC）：采用数字化信息对数控机床的运动及其加工过程进行控制的方法。数控一般是采用通用或专用计算机实现数字程序控制，因此数控也称为计算机数控（Computerized Numerical Control），现在一般都称为CNC，很少再用NC这个概念了。

数控机床：应用数控技术对加工过程进行控制的机床。

数控车床又称为CNC车床，是用计算机数字化信号控制的机床。操作时，将编制好的加工程序输入机床专用的计算机中，再由计算机指挥机床各坐标轴的伺服电机去控制车床各部件运动的先后顺序、速度和移动量，并与选定的主轴转速相配合，车削出形状不同的工件。数控车床上零件的加工过程如图1-1-1所示。

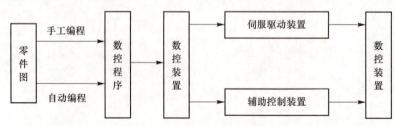

图1-1-1 数控车床上零件的加工过程

（二）数控车床的型号标记

数控车床采用与卧式车床相类似的型号表示方法，由字母及一组数字组成。例如，数控车床CKA6140各代号的含义如图1-1-2所示。

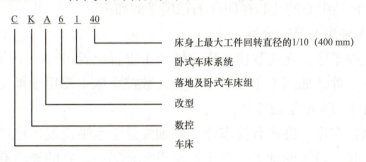

图1-1-2　数控车床的型号标记

（三）数控车床的种类

数控车床按不同方式分有不同的种类。下面按所配置的数控系统、数控车床的功能、车床主轴配置形式、控制方式分别介绍。

1. 按数控系统分类

目前，工厂常用数控系统有BEIJING-FANUC（北京发那科）数控系统、SIEMENS（西门子）数控系统、广州数控系统、三菱数控系统、华中数控系统等。每种数控系统又有多种型号，如BEIJING-FANUC（北京发那科）系统有0i-MD、0i-TD、0i-Mate-MD、0i-Mate-TD、30i-B、31i-B、32i-B等，SIEMENS（西门子）系统有SINUMERIK802S、802C、802D、810D、840D等，华中数控车床系统有HNC-21T、HNC-8AT、HNC-8BT、HNC-210BT、HNC-18XP-T，华中数控铣床系统有HNC-21M、HNC-210AM、HNC-210BM等等。各种数控系统指令各不相同。即使同一系统不同型号，其数控指令也略有差别，使用时应以系统说明书指令为准。本书以华中数控系统HNC-21T为例。

2. 按数控车床的功能分类

（1）经济型数控车床。经济型数控车床是在卧式车床基础上进行改进设计的，一般采用步进电机驱动的开环伺服系统，其控制部分通常采用单板机或单片机。经济型数控车床成本较低，自动化程度和功能都较差，车削加工精度也不高，适用于要求不高的回转类零件的车削加工。

（2）普通数控车床。根据车削加工要求，在结构上进行专门设计，并配备通用数控系统而形成的数控车床。其数控系统功能强，自动化程度和加工精度也比较高，可同时控制两个坐标轴，即X轴和Z轴，应用较广，适用于一般回转类零件的车削加工。

（3）车削加工中心。在普通数控车床的基础上，增加了 C 轴和铣削动力头，更高级的数控车床带有刀库，可控制 X、Z 和 C 三个坐标轴，联动控制轴可以是（X，Z）、（X，C）或（Z，C）。由于增加了 C 轴和铣削动力头，这种数控车床的加工功能大大增强，除可以进行一般车削外，还可以进行径向和轴向铣削、曲面铣削、中心线不在零件回转中心的孔和径向孔的钻削等的加工。

3. 按车床主轴配置形式分类

（1）立式数控车床。立式数控车床主轴处于垂直位置，有一个直径很大的圆形工作台，供装夹工件，如图 1-1-3 所示。立式数控车床主要用于加工径向尺寸大、轴向尺寸相对较小的大型复杂零件。

（2）卧式数控车床。卧式数控车床主轴轴线处于水平位置，生产中使用较多，常用于加工径向尺寸较小的轴类、盘类、套类复杂零件。它的导轨有水平导轨式和倾斜导轨式两种。水平导轨结构用于普通数控车床、经济型数控车床。水平导轨式数控车床的外形如图 1-1-4 所示。

图 1-1-3　立式数控车床

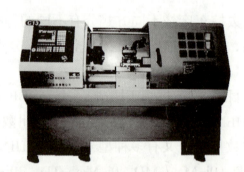

图 1-1-4　水平导轨式数控车床的外形

倾斜导轨结构可以使车床具有较大刚性，且易于排除切屑，用于档次较高的数控车床及车削加工中心。倾斜导轨式数控车床的外形如图 1-1-5 所示。

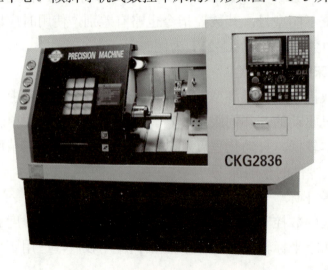

图 1-1-5　倾斜导轨式数控车床的外形

4. 按控制方式分类

按控制方式，数控车床可以分为开环控制系统的数控车床、半闭环控制系统的数控车床和闭环控制系统的数控车床三大类。

（1）开环控制系统的数控车床。开环控制系统的数控车床是指不带反馈装置的数控车床。进给伺服系统采用步进电机，数控系统每发出一个指令脉冲，经驱动电路功率放大后，驱动步进电机旋转一个角度，然后经过减速齿轮和丝杠螺母机构，转换为刀架的直线移动。系统信息流是单向的，如图1-1-6所示。

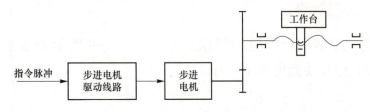

图1-1-6　开环控制系统框图

开环控制系统的数控车床不具有反馈装置，对移动部件实际位移量的测量值不能与原指令位移值进行比较，也不能进行误差校正，因此系统精度低。但其因结构简单、成本低、技术容易掌握而在中、小型控制系统的经济型数控车床中得到应用，尤其适用于旧机床改造的简易数控车床。

（2）半闭环控制系统的数控车床。半闭环控制系统的数控车床，在伺服机构中装有角位移检测装置，通过检测伺服机构的滚珠丝杠转角，间接测量移动部件的位移，然后反馈到数控装置中，与输入的原指令位移值进行比较，用比较后的差值控制移动部件做补充位移，直至差值消除为止。由于丝杠螺母机构不包括在闭环之内，因此丝杠螺母机构的误差仍然会影响移动部件的位移精度，如图1-1-7所示。

半闭环控制系统的数控车床采用伺服电机，结构简单、工作稳定、使用维修方便，目前应用比较广泛。

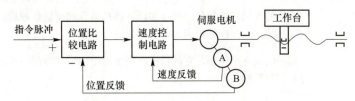

图1-1-7　半闭环控制系统框图

（3）闭环控制系统的数控车床。闭环控制系统的数控车床在车床移动部件位置上直接装有直线位置检测装置，将检测到的实际位移反馈到数控装置中，与输入的原指令位移值进行比较，用比较后的差值控制移动部件做补充位移，直至差值消除为止，达到精度要求，如图1-1-8所示。

闭环控制系统数控车床的优点是精度高（一般可达0.01 mm，最高可达0.001 mm），但结构复杂、维修困难、成本高，用于加工精度要求很高的场合。

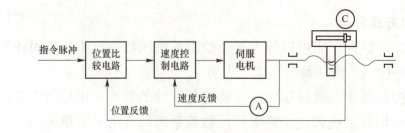

图 1-1-8 闭环控制系统框图

（四）数控车床的组成

数控车床是应用最广泛的数控机床之一，图 1-1-9 所示为水平导轨式数控车床，其各部分的名称及功能见表 1-1-1。

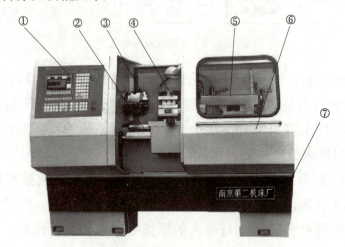

图 1-1-9 水平导轨式数控车床

表 1-1-1 水平导轨式数控车床各部分名称及功能

序 号	名 称	功 能
①	数控装置	接收输入装置的信号，经过编译、插补运算和逻辑处理后，输出信号和指令到伺服系统，进而控制机床的各个部分进行动作
②	导轨	起导向及支承作用，它的精度、刚度及结构形式等对机床的加工精度和承载能力有直接影响
③	卡盘	夹持工件
④	刀塔	安装刀具
⑤	尾座	用于安装顶尖、钻头等
⑥	防护门	安全防护作用
⑦	床身	支撑数控车床的各个部件

根据机床各组成部分的功能，可将数控机床分为输入输出设备、数控装置、伺服系统和机床本体等部分，其组成如图 1-1-10 所示。

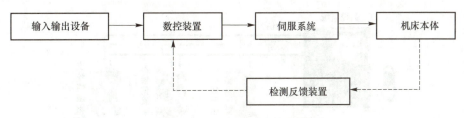

图 1-1-10　数控机床的组成

1. 输入输出设备

输入输出设备的作用是实现数控加工程序及相关数据的输入、显示、存储以及打印等。常用的输入设备有 USB（通用串行总线）接口、RS232C 串行通信口以及 MDI（手动数据输入）方式等，输出设备有显示器、打印机等，如图 1-1-11 所示。

图 1-1-11　带键盘、USB、RS232C 的输入输出设备

2. 数控装置

数控装置是数控机床的核心，它接收来自输入设备的程序和数据，并按输入信息的要求完成数值计算、逻辑判断和输入输出控制等。数控装置通常由一台通用或专用微型计算机与输入输出接口板、可编程控制器等连接构成，如图 1-1-12 所示。

3. 伺服系统

伺服系统是数控机床的执行部分，它的作用是把来自数控装置的脉冲信号转换成机床的运动。每个脉冲信号使机床移动部件产生的位移量叫作脉冲当量，常用的脉冲当量为 0.001 mm/脉冲。每个进给运动的执行部件都有相应的伺服驱动系统，其性能是决定数控机床的加工精度、表面质量、生产率的主要因素之一。伺服系统由伺服驱动电路和伺服驱动装置组成，如图 1-1-13 所示。

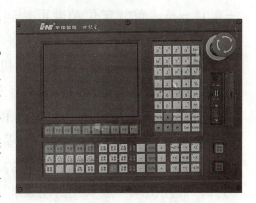

图 1-1-12　华中数控"世纪星 HNC-21T"

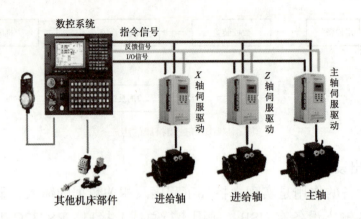

图 1-1-13 伺服系统示意

4．机床本体

机床本体是数控机床的主体，是用于完成各种切削加工的机械部分。其主要包括主运动部件、进给运动部件（如工作台、刀架等）、支承部件（如床身、立柱等），还有冷却、润滑、转位部件以及夹紧、换刀机械手等辅助装置。

对于半闭环、闭环数控机床，还带有检测反馈装置，其作用是检测机床的实际运动速度、方向、位移量以及加工状态，并把检测结果转化为电信号反馈给数控装置，再通过比较，计算出实际位置与指令位置之间的偏差，发出纠正误差指令。常用位置检测元件有感应同步器、光栅、编码器、磁栅和激光测距仪等。

（五）数控车削的加工特点

与普通车削相比，数控车削的加工具有以下特点。

（1）对加工对象适应性强。在数控机床上要改变加工零件时，只需要重新编制程序，不需要变换更多的夹具和重新调整机床，就可以快速地从加工一种零件转变为加工另一种零件，这为单件、小批量及新产品的试制提供了极大的便利。

（2）加工精度高，质量稳定。由于数控机床的制造特点，与普通机床相比，数控机床能够达到比较高的加工精度，对于一般的数控机床，定位精度能达到 ±0.01 mm，重复定位精度可达到 ±0.005 mm；而且，在加工过程中，操作人员不参与，这样就消除了人为误差。

（3）生产效率高。由于数控机床具有自动换刀、自动调速等功能，自动化程度高；而且机床的刚性好，在加工过程中可以采用较高的转速和较大的切削用量，可以有效地减少零件的加工时间和辅助时间，所以，数控机床的加工效率比普通机床要高几倍，尤其加工复杂的零件时，生产效率可以提高到十几倍甚至几十倍。

（4）劳动条件好。数控机床的自动化程度高，大大减轻了操作者的劳动强度。另外，数控机床一般采用封闭式加工，既清洁又安全，劳动条件得到了改善。

（5）有利于生产管理。由于目前所有的数控系统在加工过程中都能准确地计算出零件的加工时间，所以有利于编制生产计划、简化检验工作。此外，还可以对刀具、夹具进行规范化管理。

（6）价格昂贵。数控机床涉及机械、计算机、自动化控制、软件技术等诸多领域，总体价格昂贵，加工成本高。

（7）调试、维修较困难。由于数控机床涉及的领域较多、结构较复杂，所以其调试、维修较困难，要求其操作人员经过专门的技术培训。

（六）数控车床的应用场合

由于数控车床具有加工精度高、能做直线和圆弧插补、在加工过程中能自动变速等特点，因此其工艺范围较普通机床宽得多。凡是能在普通车床上装夹的回转体零件都能在数控车床上加工。针对数控车床的特点，下列几类零件最适合数控车削加工。

1. 精度要求高的回转体零件

数控车床由于刚性好，制造和对刀精度高，以及能方便、精确地进行人工补偿和自动补偿，所以能加工尺寸精度较高的零件，在有些场合可以以车代磨。此外，数控车削的刀具运动是通过高精度插补运算和伺服驱动来实现的，再加上车床的刚性好和制造精度高，所以它能加工对母线直线度、圆度、圆柱度等形状精度要求高的零件。对于圆弧以及其他曲线轮廓，加工出的形状与图纸上所要求的几何形状的接近程度比用仿形车床加工高得多。数控车削对提高位置精度还特别有效。不少位置精度要求高的零件用普通车床车削时，因车床制造精度低、工件装夹次数多而达不到要求，只能在车削后用磨削或其他方法弥补。

2. 表面粗糙度要求高的回转体零件

数控车床具有恒线速切削功能，能加工出表面粗糙度值小而均匀的零件。在材质、精车余量和刀具已定的情况下，表面粗糙度取决于进给量和切削速度。在普通车床上车削锥面和端面时，转速恒定不变，车削线速度不断变化，致使车削后的表面粗糙度不一致。使用数控车床的恒线速切削功能，就可选用最佳线速度来切削锥面和端面，使车削后的表面粗糙度值既小又一致。数控车削还适合于车削各部位表面粗糙度要求不同的零件，对于粗糙度值要求大的部位选用大的进给量，对于粗糙度值要求小的部位选用小的进给量。

3. 表面形状复杂的回转体零件

由于数控车床具有直线和圆弧插补功能，因此可以车削由任意直线和曲线组成的形状复杂的回转体零件。

组成零件轮廓的曲线可以是数学方程式描述的曲线，也可以是列表曲线（样条线）。对于由直线和圆弧组成的轮廓，可直接利用机床的直线或圆弧插补功能；对于由非圆曲线组成的轮廓，应先用直线或圆弧去逼近，然后再用直线或圆弧插补功能进行插补切削。

4. 带特殊螺纹的回转体零件

普通车床所能车削的螺纹相当有限，它只能车等导程的直线、锥面以及公、英制螺纹，而且一台车床只能限定加工若干种导程。数控车床不但能车削任何等导程的直线、锥面和端面螺纹，而且能车增导程、减导程，以及要求等导程与变导程之间平滑过渡的螺纹。数控车床车削螺纹时，主轴转向不必像普通车床那样交替变换，它可以一刀一刀不停顿地循环，直到完成，所以数控车床车螺纹的效率很高。数控车床可以配备精密螺纹车削功能，再加上采用硬质合金成型刀片及较高的转速，所以车削出来的螺纹精度高、表面粗糙度小。

四、任务实施

（1）指出 CK6132S 数控车床各代码的含义。

（2）认真观察数控车床（图 1-1-14），在表 1-1-2 中填写图中数控车床各部分的名称及功能。

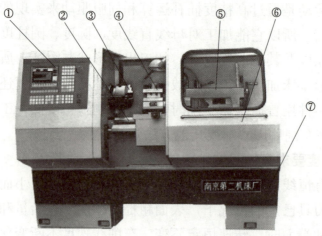

图 1-1-14 数控车床

表 1-1-2 图 1-1-14 所示数控车床各部分的名称及功能

序 号	名 称	功 能
①		
②		
③		
④		
⑤		
⑥		
⑦		

（3）如图 1-1-15～图 1-1-17 所示，在对应车床下填写立式数控车床、水平导轨式数控车床或倾斜导轨式数控车床。

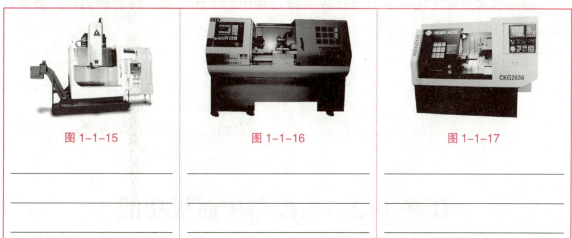

图 1-1-15　　　　　　　　图 1-1-16　　　　　　　　图 1-1-17

五、任务总结评价

（一）自我评估

针对能力目标，对自己在任务实施过程中的表现给出分数（满分 100 分）并用 A（优秀）、B（良好）、C（合格）、D（不合格）给出评价等级。

知识与能力	
问题与建议	
自我打分：____分	评价等级：____级

（二）小组评价

小组同学对该同学在任务实施过程中的表现给出分数（单项 0～20 分），并按上述等级定义予以客观、合理评价。

独立工作能力	学习创新能力	小组发挥作用	任务完成	其他
____分	____分	____分	____分	____分
五项总计得分：____分			评价等级：____级	

（三）教师评价

指导教师根据学生在学习及任务实施过程中的工作态度、综合能力、任务完成情况予以评价。

_____

_____

_____

得分：____分，评价等级：____级

任务 1-2 数控车床面板功能

一、任务要求

（1）掌握 HNC-21T 系统数控车床面板功能。
（2）掌握数控车床安全操作规程。
（3）熟悉数控车床的日常维护及保养。

二、学习目标

（1）能区分数控系统操作面板中各区域的名称及功能。
（2）能指出机床控制面板中各区域的名称及功能，并掌握各按键的具体使用方法。
（3）熟练掌握 MDI 键盘中各按键的输入功能。

三、知识准备

（一）数控车床面板功能介绍

1. HNC-21T 数控系统操作面板

HNC-21T 数控系统操作面板如图 1-2-1 所示，各组成及功能见表 1-2-1。

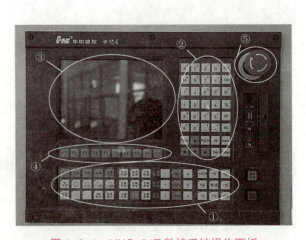

图 1-2-1　HNC-21T 数控系统操作面板

表 1-2-1　HNC-21T 数控系统操作面板的组成及功能

序号	名　称	功　能
①	机床控制面板	用于数控机床的手动控制
②	MDI 键盘	用于程序的手动输入及编辑
③	液晶显示器	用于显示数控系统软件操作界面
④	功能键	用于数控系统软件菜单操作
⑤	"急停"按钮	用于机床紧急停止及复位

2. 机床控制面板的认识

机床控制面板如图 1-2-2 所示，各区域功能见表 1-2-2，各按键功能见表 1-2-3。

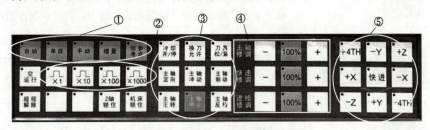

图 1-2-2　机床控制面板

表 1-2-2　机床控制面板各区域功能

序号	名　称	功　能
①	工作方式选择键	包括【自动】【单段】【手动】【增量】【回参考点】等工作方式的选择键，用于选择机床的工作方式
②	增量倍率选择键	用于【增量】工作方式时的倍率选择
③	辅助动作手动控制键	包括主轴控制、冷却液控制及换刀控制键
④	倍率修调键	包括主轴修调、快速修调和进给修调键
⑤	坐标轴移动手动控制键	包括 X 正反方向移动、Z 正反方向移动及快速移动键
	其他键	包括空运行和机床锁住及超程解除等辅助动作按键

表 1-2-3　机床控制面板各按键功能

按　键	功　能
自动	"自动"工作方式下：自动连续加工工件；模拟加工工件，在 MDI 模式下运行指令
单段	"单段"工作方式下：用于单段程序的运行，在自动运行时，每按下一次【循环启动】键，NC 系统执行一个程序段后自动停止
手动	"手动"工作方式下：可以手动控制机床，通过机床操作按键可手动换刀、手动移动机床各轴、主轴正反转、手动松紧卡爪、伸缩尾座等

按 键	功 能
增量	"增量"工作方式下：每按一次，机床将移动"一步"。定量移动机床坐标轴，移动距离由倍率调整（当倍率为"×1"时，定量移动距离为 1 um，可控制机床精确定位，但不连续）。 "手动"工作方式下：当手持盒被打开后，"增量"方式变为"手摇"。倍率仍有效。可连续精确控制机床的移动。机床进给速度受操作者的手动速度和倍率控制
回参考点	"回参考点"工作方式下：手动返回参考点，建立机床坐标系（机床开机后应首先进行此操作）
空运行	此功能用于程序的快速空运行。在"自动"工作方式下，按下该键后，机床以系统最大速度运行程序，此时程序中的 F 代码无效。 按下一次，指示灯亮，说明此状态选中；再按一次，指示灯暗
×1 ×10 ×100 ×1000	倍率选择键："增量"和"手动"工作方式下有效。通过该类按键选择定量移动的距离量。基本单位是脉冲当量，即 0.001 mm，如按下 ×1000 按键，其指示灯亮，其速度为 1000×0.001=1，也就是说，每按一次"X（Z）方向"按键，相应移动 1 mm 的距离
超程解除	当坐标轴运行超出安全行程时，行程开关撞到机床上的挡块，切断机床伺服强电，机床不能动作，起到保护作用。如要重新工作，需在"手动"工作方式下，一直按下该键，并同时按下超程方向的反方向按键（如 +X 方向超程，按下 -X 方向按键），可解除超程
程序跳段	在"自动"工作方式下，如程序中使用了跳段符号"/"，当按下该键后，程序运行到有该符号标定的程序段，即跳过不执行该段程序；解除该键，则跳段功能无效
选择停	在"自动"工作方式下，如程序中使用了 M01 辅助指令，当按下该键后，程序运行到该项指令即停止；再按"循环启动"键，继续运行。解除该键，则 M01 功能无效
机床锁住	"自动""手动"工作方式下，按下该键，机床的所有实际动作无效（不能自动、手动控制进给轴、主轴、冷却等实际动作），但指令运算有效。故可在"自动"工作方式下，按下此按键模拟运行程序
冷却开/停	"手动"工作方式下，按一次此按键，指示灯亮，机床冷却液开启；再按下此按键，指示灯灭，机床冷却液关闭。（"自动"工作方式下，也能手动进行冷却液的开、停）
刀位选择	"手动"工作方式下，选择工作位上的刀具，此时并不立即换刀
刀位转换	"手动"工作方式下，按下该键，刀位转换所选刀具，换到工作位上
主轴点动	"手动"工作方式下，按下该键，主轴点动
卡盘松/紧	"手动"工作方式下，按一次此按键，卡盘将松开或夹紧；再按一次此按键，卡盘将夹紧或松开。主轴正在旋转的过程中该键无效

续表

按 键	功 能
内卡/外卡	指的是卡紧的方式，撑里孔形式为内卡，抱外圆形式为外卡
主轴正转	在 MDI 方式已经初始化主轴转速的情况下，按下此按键，主轴将按给定的速度正转。"手动"工作方式下该键有效，但正在反转的过程中，该键无效
主轴停止	按下此按键，主轴停止旋转。"手动"工作方式下该键有效，但机床正在做进给运动时，该键无效
主轴反转	在 MDI 方式已经初始化主轴转速的情况下，按下此按键，主轴将按给定的速度反转。"手动"工作方式下该键有效，但正在正转的过程中，该键无效
主轴修调 − 100% +	主轴倍率修调按键：在主轴转动时，按下 − 按键，主轴转速降低；按下 + 按键，主轴转速增加；当 100% 指示灯亮时，转速为程序设定的转速
快速修调 − 100% +	快速修调按键：修调刀架进给的速度。其按键的作用同上
进给修调 − 100% +	进给修调按键：修调进给速度的倍率。其按键的作用同上
−X +C / −Z 快进 +Z / −C +X	坐标轴移动手动控制键："手动"或"增量"工作方式下有效，选择进给坐标轴和进给方向； 移动速度由系统"快速修调"和"进给修调"按键控制； 同时按下方向轴和"快进"按键时，其移动速度由系统"最高快移速度"和"快速修调"按键控制
循环启动	"自动""单段"工作方式下有效，用于程序的启动。在按下该键后，机床可进行自动加工、模拟加工或在 MDI 模式下运行指令。注意自动加工前应对刀正确
进给保持	"自动"加工过程中，按下此按键，自动运行中的程序将暂停，机床上刀具相对工件的进给运动停止，但机床的主运动并不停止。再次按下 进给保持 键后，程序恢复运行

3. MDI 键盘的认识

MDI 键盘如图 1-2-3 所示，各键功能见表 1-2-4。

图 1-2-3　MDI 键盘

表 1-2-4　MDI 键盘各键功能

键　符	功　能	键　符	功　能
%	用于符号"%"的输入	SP	空格键
Esc	退出当前窗口	BS	回退键
Tab	选择切换键	Alt	Alt 功能键
▲	光标上移键	Del	删除键
▼	光标下移键	Upper	上档键
◀	光标左移键	Enter	确认键（回车键）
▶	光标右移键	▶	向后翻页
PgUp	向前翻页		

（二）数控车床安全操作规程

为了合理地使用数控车床，保证机床正常运转，必须制定比较完善的数控车床操作规程，通常包括以下内容。

1. 上机床前的准备

（1）上机床操作时必须穿工作服，女生戴安全帽，并将头发扎入帽内。衣服穿着紧凑合体，不得有外露的飘逸附件等；不得穿拖鞋，不得戴手套、围巾及首饰、挂件等。

（2）在车间内机床设备周围走动时，应观天、观地、观四周，轻步缓行，不允许急行、打闹嬉戏；未经允许，不得动车间内任何开关按键。

（3）能熟练在计算机上进行软件仿真操作。

（4）检查将要操纵的数控机床设备，观察电器电路及各种开关、按键、急停按钮等是否完好无损；检查润滑油位是否在正常范围内，否则应添加润滑油。

（5）检查刀具、量具、扳手等工具是否完好，游标卡尺对零；毛坯形状、尺寸是否合适；所有工、量具等应放在指定的地方（工具车、工作台、工作桌等），分类并摆放整齐。

（6）零件图纸是否齐备，仔细读懂零件图纸，搞清零件的结构及技术要求。

（7）检查各坐标轴是否回参考点，限位开关是否可靠；若某轴在回参考点前已在参考点位置，应先将该轴沿负方向移动一段距离。

2. 机床操作过程的注意事项

（1）实操机床时只能一人操作，分组实训时，其余人只允许在旁边观看。严禁多人同时操作一台数控机床、几个人一起控制机床按键。

（2）接通电器盒总电源，接通数控机床电源，启动数控系统电源，打开急停开关（需要用手动润滑的数控机床，先用手"拉"或"压"润滑把手，使机床润滑）。

机床回零点，然后沿各坐标轴移动一小段距离，机床空运行 5 min 以上，使机床达到热平衡状态。

（3）装夹工件时应定位可靠，加紧牢固。检查所用螺钉、压板是否妨碍刀具运动，以及零件毛坯尺寸是否有误。

（4）数控刀具选择正确，夹紧牢固。

（5）检查工作台及运动部件上是否放有工具、毛坯等杂物。按规范要求对刀，需换刀时，刀具应退到安全位置换刀，对完刀后，刀具应退到安全位置。

（6）输入加工程序，校验程序，调整修改程序。

（7）报告指导教师检查，经指导教师检查同意后方可运行机床。

（8）关闭机床舱门，启动"自动循环"按钮，机床自动运行加工零件。

①首件加工应采用单段程序切削，并随时注意调节进给倍率控制进给速度。

②启动"自动循环"按钮时，操作者首先应关注"急停按钮"位置。

③机床刚开始运行时，操作者应认真观察刀具移动位置、移动速度、进给速度、主轴转速、切屑形状、声音、冷却润滑等，根据具体情况进行调整。

④加工过程中，操作者面对加工零件站立，集中精力观察机床运行。

⑤不允许擅自离开操作岗位或坐在机床旁边，不允许与其他人交谈、吃东西、喝水或做其他与加工无关的事情。

⑥机床在运行过程中不允许打开舱门清理切屑和触碰任何运动件。

⑦试切削和加工过程中，刃磨刀具、更换刀具后，一定要重新对刀。

⑧碰到任何紧急情况，马上按红色的"急停按钮"，停止机床运行。

（9）加工结束，数控机床自动停止运行后方可打开舱门。

3. 机床运行结束后的收尾工作

（1）将刀具移动到安全、合适位置，以方便装、卸工件。

（2）按"机床锁定"按钮，锁定机床，防止误操作。

（3）卸下加工零件，将机床稍作清理，将所用工具放归原位（以便下一位学生操作实训），向指导教师报告作业完毕。

（4）当班实习结束后，及时清理机床上的切屑和杂物等，放在指定地方，并做好数控机床的保养、维护工作。

（5）停机时，应将各坐标轴停在正向极限位置。

（6）先关闭，"急停按钮"，再按顺序关闭系统电源、机床电源，最后关闭电器盒总电源。

（三）数控车床日常维护及保养

1. 数控车床日常维护及保养

（1）保持良好的润滑状态，定期检查、清洗自动润滑系统，增加或更换润滑脂、油液，使丝杠、导轨等各运动部位始终保持良好的润滑状态，以降低机械磨损。

（2）进行机械精度的检查调整，以减小各运动部件的几何误差。

（3）经常清扫。周围环境对数控机床影响较大，如粉尘会被电路板上的静电吸引，而产生短路现象；油、气、水过滤器、过滤网太脏，会发生压力不够、流量不够、散热不好等现象，造成机、电、液部分的故障等。

数控车床日常维护及保养内容见表1-2-5。

表 1-2-5　数控车床日常维护及保养内容

序号	检查周期	检查部位	检查要求
1	每天	导轨润滑油箱	检查油标、油量，检查润滑泵能否定时启动供油及停止
2	每天	X、Z轴向导轨面	清除切屑及脏物，检查导轨面有无划伤
3	每天	压缩空气气源压力	检查气动控制系统
4	每天	主轴润滑恒温油箱	工作正常，油量充足并能调节温度范围
5	每天	机床液压系统	油箱、液压泵无异常噪声，压力指示正常，管路及各接头无泄漏
6	每天	各种电气柜散热通风装置	各电气柜冷却风扇工作正常，风道过滤网无堵塞
7	每天	各种防护装置	导轨、机床防护罩等无松动、无漏水
8	每半年	滚珠丝杠	清洗丝杠上旧润滑脂，涂上新润滑脂
9	不定期	切削液箱	检查液面高度、经常清洗过滤器等
10	不定期	排屑器	经常清理切屑
11	不定期	清理废油池	及时清除废油池中的废油，以免外溢
12	不定期	调整主轴传动带松紧程度	按机床说明书调整
13	不定期	检查各轴导轨上的镶条	按机床说明书调整

2. 数控系统日常维护及保养

数控系统使用一定时间以后，某些元器件或机械部件会老化、损坏。为延长元器件的寿命和零部件的磨损周期，应在以下几方面注意维护。

（1）尽量少开数控柜和强电柜门。车间空气中一般都含有油雾、潮气和灰尘，它们一旦落在数控装置内的电路板或电子元器件上，容易引起元器件间绝缘电阻下降，并导致元器件的损坏。

（2）定时清理数控装置的散热通风系统。散热通风口过滤网上灰尘积聚过多，会引起数控装置内温度过高（一般不允许超过 55 ℃），致使数控系统工作不稳定，甚至发生过热报警。

（3）经常监视数控装置电网电压。数控装置允许电网电压在额定值的 ±10% 范围内波动。如果超过此范围就会造成数控系统不能正常工作，甚至引起数控系统内某些元器件损坏。为此，需要经常监测数控装置的电网电压。电网电压波动较大时，应加装电源稳压器。

3. 数控机床长期不用时的维护与保养

数控机床长期不用时，也应定期进行维护保养，至少每周通电空运行一次，每次不少于 1 h，特别是在环境温度较高的雨季更应如此，利用电子元器件本身的发热来驱散数控装置内的潮气，可以保证电子部件性能的稳定可靠。

如果数控机床闲置半年以上不用，应将直流伺服电机的电刷取出来，以免化学腐蚀作用使换向器表面腐蚀，换向性能变坏，甚至损坏整台电机。

机床长期不用时还会出现后备电池失效现象，使机床初始参数丢失或部分参数改变，因此应注意及时更换后备电池。

四、任务实施

（1）认真观察数控系统操作面板（图 1-2-4），在表 1-2-6 中填写图 1-2-4 中各区域的名称及功能。

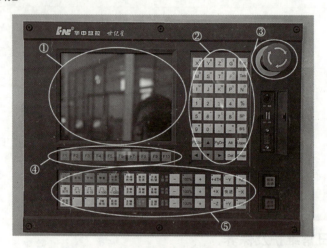

图 1-2-4　华中数控系统操作面板

表 1-2-6　华中数控系统操作面板中各区域的名称及功能

序 号	名 称	功 能
①		
②		
③		
④		
⑤		

（2）认真观察数控车床的机床控制面板（图 1-2-5），在表 1-2-7 中填写各区域的名称及功能。

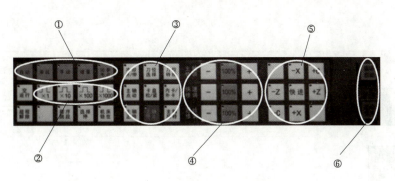

图 1-2-5　数控车床的机床控制面板

表 1-2-7　数控车床的机床控制面板各区域的名称及功能

序号	名　称	功　能
①		
②		
③		
④		
⑤		
⑥		

（3）在表 1-2-8 中填写数控车床的机床控制面板中各按键的功能。

表 1-2-8　数控车床的机床控制面板中各按键的功能

按　键	功　能
自动	
单段	
手动	
增量	
回参考点	
空运行	

续表

按　键	功　能
×1　×10　×100　×1000	
超程解除	
机床锁住	
主轴正转	
主轴停止	
主轴反转	
主轴修调　−　100%　+	
快速修调　−　100%　+	
进给修调　−　100%　+	
−X　+C　−Z　快进　+Z　−C　+X	
循环启动	
进给保持	

（4）完成"数控应用技术专业安全试卷"。

五、任务总结评价

（一）自我评估

针对能力目标，对自己在任务实施过程中的表现给出分数（满分 100 分）并用 A（优秀）、B（良好）、C（合格）、D（不合格）给出评价等级。

知识与能力	
问题与建议	
自我打分：____分	评价等级：____级

（二）小组评价

小组同学对该同学在任务实施过程中的表现给出分数（单项 0~20 分），并按上述等级定义予以客观、合理评价。

独立工作能力	学习创新能力	小组发挥作用	任务完成	其他
____分	____分	____分	____分	____分
五项总计得分：____分			评价等级：____级	

（三）教师评价

指导教师根据学生在学习及任务实施过程中的工作态度、综合能力、任务完成情况予以评价。

_____

_____

_____

得分：____分，评价等级：____级

任务 1-3　数控车床手动操作与试切削

一、任务要求

（1）了解常用数控车刀的种类和用途。
（2）了解三爪自定心卡盘、液压卡盘、刀架、顶尖等工艺装备知识。
（3）掌握数控车床机床坐标系知识。

二、学习目标

（1）掌握数控车床手动操作。
（2）会装拆工件及数控车刀。
（3）掌握数控车床试切削加工方法。

三、知识准备

（一）常用数控车刀的种类和用途

数控车削加工对刀具的要求较普通机床高，不仅要求其刚性好、切削性能好、耐用度高，而且要求其安装调整方便。根据刀头与刀体的连接方式，车刀可分为整体式、焊接式和机夹式三大类。整体式车刀的刀头和刀柄用同样的材料制成，通常为高速钢，其刀柄较长（图 1-3-1）；焊接式车刀的切削部分（刀片）是由硬质合金制成的，刀柄是用中碳钢制成的，刀片和刀柄焊接成一个整体（图 1-3-2）；机夹式车刀是将硬质合金刀片用机械夹固方法装夹在标准化刀体上，它可分为机夹重磨式车刀（图 1-3-3）和机夹转位式车刀（图 1-3-4）。机夹重磨式车刀采用重磨式单刃硬质合金刀片；机夹转位式车刀采用多边形多刃硬质合金刀片。当一个刀刃磨钝后，只需将夹紧机构松开，把刀片转过一定角度换成另一个新的切削刃，便可继续切削。数控车床车刀多为焊接式和机夹式，目前广泛使用的是机夹式车刀（图 1-3-5）。

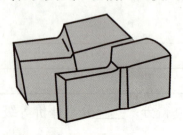

图 1-3-1　整体式车刀

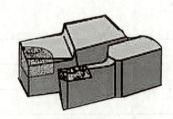

图 1-3-2　焊接式车刀

 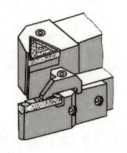 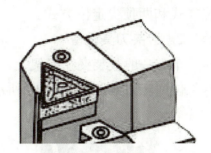

图1-3-3　机夹重磨式车刀　　图1-3-4　机夹转位式车刀　　图1-3-5　机夹式车刀

常用硬质合金车刀刀片形状如图1-3-6所示。

(a)　　(b)　　(c)　　(d)　　(e)　　(f)　　(g)

图1-3-6　常用硬质合金车刀刀片形状

(a) C型；(b) D型；(c) V型；(d) S型；(e) T型；(f) R型；(g) W型

（二）数控车床装夹工件、刀具设备

1. 装夹工件设备

切削加工时，必须将工件放在机床夹具中定位和夹紧，使它在整个切削过程中始终保持正确的位置。工件装夹的质量和速度直接影响加工质量与劳动生产率。

普通数控车床常采用三爪自定心卡盘（图1-3-7）、四爪单动卡盘（图1-3-8）装夹工件。此种装夹需校正工件，所需时间长、效率低。高档数控车床采用液压卡盘（图1-3-9）装夹工件，效率高，但机床成本较高。

图1-3-7　三爪自定心卡盘　　图1-3-8　四爪单动卡盘　　图1-3-9　液压卡盘

顶尖：有固定顶尖和活动顶尖两种（图1-3-10）。固定顶尖可对端面复杂的零件和不允许打中心孔的零件进行支承。顶尖主要由顶针、夹紧装置、壳体、固定销、轴承和芯轴组成。顶尖的一端可顶中心孔或管料的内孔，另一端可顶端面是球形或锥形的零件，顶尖由夹紧装置固定，可实现一夹一顶定

图1-3-10　顶尖

位方式和两顶尖定位方式。

2. 装夹刀具设备

车刀一般被装夹在刀架上，数控车床常用四工位电动刀架（图1-3-11）和六、八工位回转刀架。图1-3-12所示为六工位回转刀架。

图1-3-11 四工位电动刀架

图1-3-12 六工位回转刀架

（三）数控车床的机床坐标系

为确定机床各部件运动的方向和相互之间的距离，数控机床必须有一个坐标系。这种机床固有的坐标系称为机床坐标系，该坐标系的建立必须依据一定的原则。

1. 机床坐标系的确定原则

（1）假定刀具相对于静止的工件而运动的原则。这个原则规定，不论是刀具运动还是工件运动，均以刀具的运动为准，工件被看成静止不动。这样，可按零件轮廓直接确定数控车床刀具的加工运动轨迹。

（2）采用右手笛卡尔直角坐标系原则。如图1-3-13所示，张开食指、中指与拇指，且相互垂直，中指指向+Z方向，拇指指向+X方向，食指指向+Y方向。规定坐标轴的正方向为增大工件与刀具之间距离的方向。旋转坐标轴A、B、C的正方向根据右手螺旋法则确定。

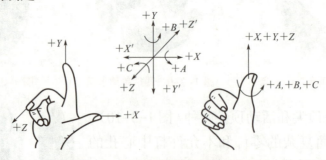
图1-3-13 右手笛卡尔直角坐标系

（3）机床坐标轴的确定方法。数控机床一般先确定Z轴，然后再确定X、Y轴。Z轴由传递切削动力的主轴所规定，对于数控车床，Z轴是带动工件旋转的主轴；X

轴处于水平方向，垂直于 Z 轴且平行于工件的装夹平面；最后根据右手笛卡尔直角坐标系原则确定 Y 轴的方向（数控车床不用 Y 轴）。

2. 卧式数控车床的机床坐标系

卧式数控车床的机床坐标系有两个坐标轴，分别是 Z 轴和 X 轴。Z 轴在主轴轴线上，向右为坐标轴正方向；X 轴为水平方向，正方向位置根据刀架为前置刀架还是后置刀架情况而定。

前置刀架：刀架与操作者在同一侧，经济型数控车床和水平导轨的普通数控车床常采用前置刀架，X 轴正方向指向操作者，如图 1-3-14 所示。

后置刀架：刀架与操作者不在同一侧，倾斜导轨的全功能型数控车床和车削中心常采用后置刀架，X 轴正方向背向操作者，如图 1-3-15 所示。

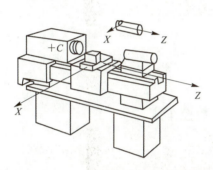

图 1-3-14　前置刀架数控车床机床坐标系

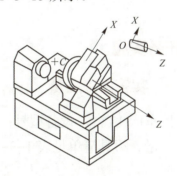

图 1-3-15　后置刀架数控车床机床坐标系

3. 机床原点、机床参考点

（1）机床原点。机床原点即数控机床坐标系的原点，又称机床零点，是数控机床上设置的一个固定点。它在机床装配、调试时就已设置好，一般情况下不允许用户进行更改。

数控车床的机床原点又是数控车床进行加工运动的基准参考点，通常设置在卡盘端面与主轴轴线的交点处。

（2）机床参考点。该点在机床出厂时已调好，并将数据输入数控系统中。对于大多数数控机床，开机时，必须首先进行刀架返回机床参考点操作，以确认机床参考点。回参考点的目的就是建立数控机床坐标系，并确定机床原点。只有机床回参考点以后，机床坐标系才能被建立起来，刀具移动才有了依据；否则不仅加工无基准，而且还会发生碰撞等事故。数控车床参考点位置通常设置在机床坐标系中 +X、+Z 极限位置处。

（3）机床参考点可以与机床零点重合，也可以不重合。有些数控车床坐标系不是设置在卡盘端面与主轴轴线的交点处，而是设置在 +X、+Z 的极限位置，如图 1-3-16 所示。

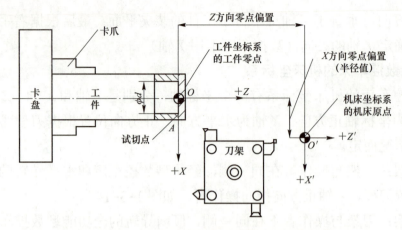

图 1-3-16　前置刀架机床坐标系原点处于极限位置情况

四、任务实施

（一）实施设施准备

数控车床 13 台，设备型号：凯达 CK6 136S 数控车床。

工、量、刃具清单见表 1-3-1。

表 1-3-1　工、量、刃具清单

工、量、刃具清单				精度	单位	数量
种类	序号	名称	规格			
工具	1	卡盘扳手			个	1
	2	刀架扳手			把	1
	3	垫刀片			副	1
	4	加力杆			个	1
	5	划线盘			副	1
量具	6	游标卡尺	0～150 mm	0.02 mm	把	1
刃具	7	外圆车刀	95°		把	1

（二）数控车床手动操作训练

按照表 1-3-2 中数控车床手动操作要点执行相应操作，并认真观察数控车床的运行情况。

表 1-3-2　数控车床手动操作要点

操作步骤	操作要点
开机	① 按下操作台右上角"急停"按钮。 ② 机床上电（将机床侧边电源开关旋转至"ON"）。 ③ 数控系统上电（将控制面板上"POWER"的绿色"ON"按钮按下），等待系统初始化。初始化完毕后系统的初始界面处于"急停"状态。 ④ 松开"急停"开关（下压并向右旋转后松开），使系统复位，并接通伺服电源。系统默认进入回参考点方式，软件操作界面的工作方式变为"回零"
回参考点	控制机床运动的前提是建立机床坐标系，为此，系统接通电源、复位后首先应进行机床各轴回参考点操作，方法如下： ① 如果系统显示的当前工作方式不是"回零"方式，按一下控制面板上面的"回零"按键，确保系统处于"回零"方式。 ② 按一下"+X"，X 轴回到参考点后，机床坐标系坐标 X 为 0，且"+X"按键内的指示灯亮。 ③ 按一下"+Z"，Z 轴回到参考点后，机床坐标系坐标 Z 为 0，且"+Z"按键内的指示灯亮。 所有轴回参考点后，即建立了机床坐标系。 注意： ① 同时按下"+X"和"+Z"，可使 X 轴和 Z 轴同时返回参考点，但注意不要先执行完"+Z"后再按"+X"，因为只执行"+Z"，当车床上装有尾座时会撞上，要避开尾座。 ② 在回参考点过程中，若出现超程，请按住控制面板上的"超程解除"按键，同时向相反方向手动移动该轴使其退出超程状态。 （回参考点后再进入其他运行方式，以确保各轴坐标的正确性）
主轴转动	主轴正转： ① 选择手动方式。 ② 按一下"主轴正转"按键（指示灯亮），主电机以机床参数设定的转速正转。 ③ 直到按压"主轴停止"或"主轴反转"按键 主轴反转： ① 选择手动方式。 ② 按一下"主轴反转"按键（指示灯亮），主电机以机床参数设定的转速反转。 ③ 直到按压"主轴停止"或"主轴正转"按键 主轴停止： ① 选择手动方式。 ② 按一下"主轴停止"按键（指示灯亮），主电机停止运转。 注意： "主轴正转""主轴反转""主轴停止"这几个按键互锁，即按下其中一个（指示灯亮），其余两个会失效（指示灯灭）

操作步骤	操作要点
坐标轴移动	"手动"工作方式（点动进给，即手动连续进给）： ① 按一下控制面板上的"手动"按钮（指示灯亮），系统处于手动运行方式，可手动移动机床各坐标轴。 ② 设定进给修调倍率。 ③ 按下相应的坐标轴方向键即连续移动，松开即停止。 ④ 若同时按压"X""Z"两个方向键，则能同时联动。 ⑤ 若同时按压"快进"按键，则产生相应轴的快速运动。 说明： ① 在点动进给时，进给速率为系统参数"最高快移速度"的1/3乘以进给修调选择的快移倍率。 ② 点动快速移动的速率为系统参数"最高快移速度"乘以进给修调选择的快移倍率。 ③ 按压进给修调或快速修调右侧的"100%"按键（指示灯亮），进给或快速修调倍率被置为100%，按一下"+"按键，修调倍率缺省是递增10%，按一下"−"按键，修调倍率缺省是递减10%
	"增量"工作方式： 按下"增量"按键时，视手轮的坐标轴选择波段开关位置，对应两种进给方式： （1）波段开关置于"OFF"挡时：增量进给。 ① 按一下相应的坐标轴方向键即移动一个增量值。 ② 同时按一下"X""Z"方向键，则能同时增量进给X轴、Z轴。 说明： ① 增量进给的增量值由"×1""×10""×100""×1 000"四个增量倍率按键控制。其对应关系如下： | 增量倍率按键	×1	×10	×100	×1 000
---	---	---	---	---
增量值/mm	0.001	0.01	0.1	1	 ② 这几个按键互锁，即按下其中一个（指示灯亮），其余几个会失效（指示灯灭）。 （2）波段开关置于"X"或"Z"时：手轮进给。 ① 顺时针或逆时针旋转一格，可控制向波段开关选择的那个轴的正方向或负方向移动一个增量值。 ② 手轮进给方式，每次只能增量进给一个坐标轴
关机	① 按下操作台右上角的"急停"按钮，断开伺服电源。 ② 数控系统断电（将控制面板上"POWER"的红色OFF按钮按下）。 ③ 机床断电（将机床侧边电源开关旋转至"OFF"）

（三）工件装夹、刀具装夹训练

1. 工件装夹训练

取 ϕ30 mm×60 mm 尼龙棒，装夹在三爪自定心卡盘上，伸出 40 mm 左右，用划线盘校正后用卡盘扳手旋紧三爪自定心卡盘，夹紧工件。

2. 刀具装夹训练

将外圆车刀装在刀架上，用垫刀片垫起，使刀尖与机床主轴中心线等高，刀杆与主轴轴线垂直，刀头伸出 20～30 mm，用刀架扳手夹紧。训练中所用工、量、刃具见表 1-3-1。

（四）试切削训练

1. 手动切削工件端面

（1）选择手动工作模式，按下"主轴正转"按键，使主轴正转。

（2）按相应坐标轴方向键，将刀具移到靠近工件。

（3）快靠近工件后，改手轮进给（选择合适增量倍率，波段开关置于 X 或 Z）。

（4）波段开关置于 X，使刀具沿 X 方向退出（退出距离为稍大于工件直径）。

（5）波段开关置于 Z，使刀具沿 Z 方向切入一定深度（约 1 mm）。

（6）波段开关置于 X，使刀具车过工件旋转中心线。

（7）刀具退离工件。

（8）主轴停止。

2. 手动切削工件外圆

（1）选择手动工作模式，按下"主轴正转"按键，使主轴正转。

（2）按相应坐标轴方向键，将刀具移到靠近工件。

（3）快靠近工件后，改手轮进给（选择合适增量倍率，波段开关置于 X 或 Z）。

（4）波段开关置于 Z，使刀具沿 Z 方向退出工件（距工件端面 2～5 mm 处）。

（5）波段开关置于 X，使刀具沿 X 方向切入一定深度（约 1 mm）。

（6）波段开关置于 Z，使刀具切削所需长度。

（7）刀具退离工件。

（8）主轴停止。

五、任务总结评价

（一）自我评估

针对能力目标，对自己在任务实施过程中的表现给出分数（满分 100 分）并用 A（优秀）、B（良好）、C（合格）、D（不合格）给出评价等级。

知识与能力	
问题与建议	
自我打分：____分	评价等级：____级

（二）小组评价

小组同学对该同学在任务实施过程中的表现给出分数（单项 0～20 分），并按上述等级定义予以客观、合理评价。

独立工作能力	学习创新能力	小组发挥作用	任务完成	其他
____分	____分	____分	____分	____分
五项总计得分：____分			评价等级：____级	

（三）教师评价

指导教师根据学生在学习及任务实施过程中的工作态度、综合能力、任务完成情况予以评价。

_____

_____

_____

得分：____分，评价等级：____级

任务 1-4　数控车床程序输入与编辑

一、任务要求

（1）掌握数控车床程序结构与组成。
（2）掌握数控车床程序命名规则。
（3）了解数控车床程序段、指令字含义。

二、知识与学习目标

（1）掌握数控程序的输入及保存方法。
（2）会打开现有数控程序并进行编辑处理。
（3）会将数控程序另存为其他文件名。

三、任务准备

（一）程序的文件名

CNC 装置可以装入许多程序文件，以磁盘文件的方式读写，并通过调用文件名的方式来调用程序，进行编辑或加工。数控程序文件名的格式为

O××××（地址 O 后接四位数字或字母）

（二）程序的结构

一个完整的数控程序是由遵循一定结构、句法和格式规则的若干程序段组成的，分为程序号、程序内容（由指令字构成的程序段）和程序结束三部分，如图 1-4-1 所示。

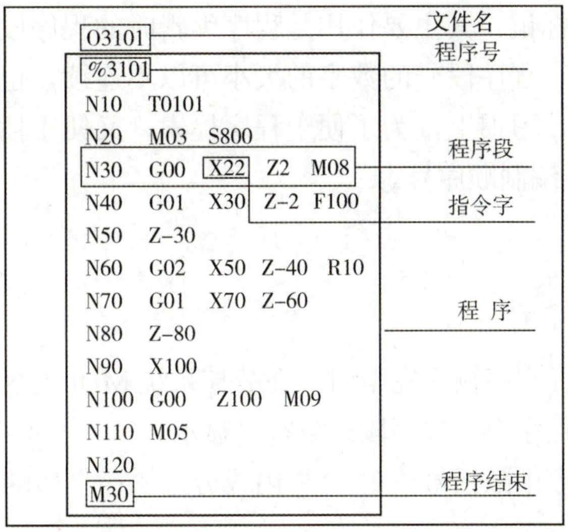

```
O3101                       文件名
%3101                       程序号
N10   T0101
N20   M03   S800
N30   G00   X22  Z2  M08    程序段
N40   G01   X30  Z-2 F100   指令字
N50   Z-30
N60   G02   X50  Z-40 R10
N70   G01   X70  Z-60        程  序
N80   Z-80
N90   X100
N100  G00   Z100  M09
N110  M05
N120
M30                         程序结束
```

图 1-4-1　程序的结构

1. 程序号

程序号即程序名，位于程序开头，用于加工过程中程序的调用。程序号一般由符号"%"（或字母"O"）后加 4 位数字组成，如 %1234，%1207，O3689 等。

2. 程序内容

程序内容包含若干个程序段，记录了一个完整的加工过程，是程序运行的核心

内容。

3. 程序结束

每个数控加工程序都要有程序结束指令,大部分数控系统都用 M02 或 M30 指令结束程序。编程时一般独立写成一个程序段,置于程序末尾。

(三) 程序段的格式

程序段是由若干的指令字构成的。每个程序段规定数控机床执行某种动作,前一程序段规定的动作完成后才开始执行下一程序段的内容。程序段的格式定义了每个程序段中指令字的句法,如图 1-4-2 所示。

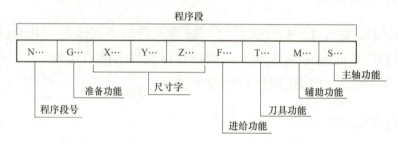

图 1-4-2 程序段格式

程序段格式说明如下。

(1) 程序段号:程序段号(或顺序号)中数字的大小并不表示加工或控制的顺序,只作为程序段的识别标记。其主要作用是程序编辑时的程序段检索或宏程序中的无条件转移。在编程时,程序段号的数字的大小可以不连续,也可以颠倒,有时甚至可以部分或全部省略。习惯上,为了便于程序检索,又便于插入新的程序段,手工编程员常间隔 5 或 10 编制顺序号。

例如:N10…
　　　N20…
　　　N30…

(2) 程序段结束:程序输入完毕时,在数控系统 MDI 键盘上按"Enter"键即可结束程序段的输入,程序中无程序段结束符号显示。

(3) 注释符:程序中圆括号"( )"内或分号";"后的内容为说明文字。

(四) 指令字的格式

一个指令字是由地址符(指令字符)和带符号(如定义尺寸的字)或不带符号(如准备功能字 G 代码)的数字数据组成的。程序段中不同的指令字符及其后续数值确定了每个指令字的含义。在数控程序段中包含的主要指令字符见表 1-4-1。

表 1-4-1　主要指令字符

功　能	地址符	意　义
零件程序号	%	程序编号：%1 ～ 4294967295
程序段号	N	程序段编号：N0 ～ 4294967295
准备功能	G	指令动作方式（直线、圆弧等）G00 ～ G99
尺寸字	X，Y，Z A，B，C U，V，W	坐标轴的移动命令 ±99 999.999
	R	圆弧的半径，固定循环的参数
	I，J，K	圆心相对于起点的坐标，固定循环的参数
进给功能	F	进给速度的指定　F0 ～ 24 000
主轴功能	S	主轴旋转速度的指定　S0 ～ 9 999
刀具功能	T	刀具编号的指定　T0 ～ 99
辅助功能	M	机床侧开 / 关控制的指定　M0 ～ 99
补偿号	D	刀具半径补偿号的指定　00 ～ 99
暂停	P，X	暂停时间的指定　秒
程序号的指定	P	子程序号的指定　P1 ～ 429 4967 295
重复次数	L	子程序的重复次数，固定循环的重复次数
参数	P，Q，R，U，W，I，K， C，A	车削复合循环参数
倒角控制	C，R	

四、任务实施

（一）数控程序的输入

新建一个文件名为 O0001 的程序，完成表 1-4-2 中程序的输入并保存。

表 1-4-2　文件名为 O0001 的程序

文件名	O0001;
第 0 行	%0505;
第 1 行	N10T0101;
第 2 行	N20M03S600;
第 3 行	N30G00 X100 Z80;
第 4 行	N40 X40 Z2;
第 5 行	N50 G01 Z-30 F100;
第 6 行	N60 G00 X100;
第 7 行	N70 Z80;
第 8 行	N80 M30;

操作步骤如下。

（1）开机。见任务 1-3 中表 1-3-2。

（2）建立一个新文件。在主菜单状态下，按下功能软键 F1（程序）→ F2（编辑程序），系统切换到"输入新文件名"界面。

（3）输入新文件名。在 MDI 键盘上完成"O0001"文件名的输入，用"Enter"键确认。

（4）逐行输入各程序段。用 MDI 键盘逐行输入各程序段，每行程序段结束用"Enter"键确认。

（5）保存程序。按下功能软键 F4（保存程序）→"Enter"，程序保存完毕。

（二）数控程序的编辑

打开已保存的 O0001 文件，对其中内容进行重新编辑，编辑完毕后将文件另存为 O0002。

操作步骤如下。

（1）开机。见任务 1-3 中表 1-3-2。

（2）打开 O0001 文件。在主菜单状态下，按下功能软键 F1（程序）→ F1（选择程序），系统进入程序选择界面，用 MDI 键盘中的 ▲ 或 ▼ 键上下移动选择行，选择文件名为"O0001"的文件行，按"Enter"键确认，打开 O0001 文件。

（3）重新编辑需要修改处。用 MDI 键盘中的 ▲、▼、◀、▶ 键，将光标移至需要修改处，用 MDI 键盘重新编辑。

（4）另存为文件 O0002。按下功能软键 F4（保存程序）→输入"O0002"→按"Enter"键，程序另存成功。

五、任务总结评价

（一）自我评估

针对能力目标，对自己在任务实施过程中的表现给出分数（满分 100 分）并用 A（优秀）、B（良好）、C（合格）、D（不合格）给出评价等级。

知识与能力	
问题与建议	
自我打分：____分	评价等级：____级

（二）小组评价

小组同学对该同学在任务实施过程中的表现给出分数（单项 0～20 分），并按上述等级定义予以客观、合理评价。

独立工作能力	学习创新能力	小组发挥作用	任务完成	其他
___分	___分	___分	___分	___分
五项总计得分：___分			评价等级：___级	

（三）教师评价

指导教师根据学生在学习及任务实施过程中的工作态度、综合能力、任务完成情况予以评价。

_____
_____
_____
_____
_____
_____得分：___分，评价等级：___级

任务 1-5　数控车床 MDI 操作及对刀

一、任务要求

（1）掌握工件坐标系及建立方法。
（2）掌握可设定的零点偏置指令。
（3）掌握上海宇龙数控仿真软件的操作方法。
（4）掌握尺寸功能等指令。

二、学习目标

（1）掌握 MDI 操作方法。
（2）掌握数控车床对刀方法及验证方法。
（3）会使用上海宇龙数控仿真软件进行仿真练习。

三、知识准备

（一）工件坐标系

1. 工件坐标系的概念

工件坐标系又称编程坐标系，是编程人员为方便编写数控程序而建立的坐标系，一般建立在工件上或零件图样上。

2. 工件坐标系的建立原则

工件坐标系建立有一定的准则，否则无法编写数控加工程序或编写的数控程序无法用来加工零件。具体有以下两方面。

（1）工件坐标系方向的设定。工件坐标系的方向必须与所采用的数控机床坐标系方向一致，用卧式数控车床加工工件时，工件坐标系 Z 轴正方向向右，X 轴正方向向上或向下（后置刀架向上，前置刀架向下），与卧式车床机床坐标系方向一致，如图 1-5-1 所示。

（2）工件坐标系原点位置的设定。工件坐标系的原点又称为工件原（零）点或编程原（零）点。设定依据是：既要符合尺寸的标注习惯，又要便于编程。因此编程时，一般先找出图样上的设计基准点，并通常以该点作为工件原点。理论上编程原点的位置可以任意设定，但是一般选择在轴线与工件右端面、左端面或卡爪的前端面的交点上。图 1-5-1 所示即以工件右端面与轴线的交点作为工件原点。

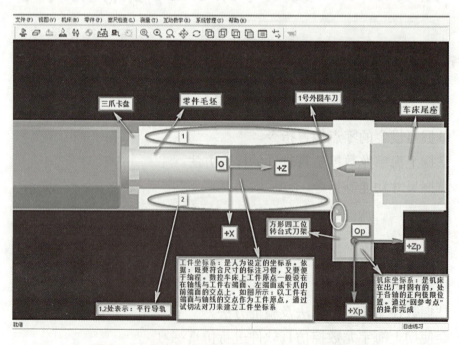

图 1-5-1　数控车床机床坐标系与工件坐标系位置关系

（二）程序指令介绍

（1）指令代码。可设定的零点偏置指令有 G54、G55、G56、G57、G58、G59 等。

（2）指令功能。可设定的零点偏置指令是以机床原点为基准的偏移，偏移后使刀具运行在工件坐标系中。通过对刀操作将工件原点在机床坐标系中的位置（偏移量）输入数控系统相应的存储器（G54、G55 等），运行程序时调用 G54、G55 等指令实现刀具在工件坐标系中的运行，如图 1-5-2 所示。

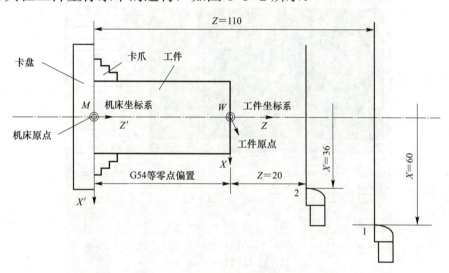

图 1-5-2　机床坐标系零点偏置情况

（3）指令应用。如图 1-5-2 所示，刀具由 1 点移动至 2 点，相应程序为：

N10 G00 X60 Z110;　　　　刀具运行到机床坐标系中（60，110）位置

N20 G54;　　　　　　　　调用 G54 零点偏置指令

N30 G00 X36 Z20;　　　　　刀具运行到工件坐标系中（36，20）位置

（4）指令使用说明。

①六个可设定的零点偏置指令均为模态有效指令，一旦使用，一直有效。

②六个可设定的零点偏置功能一样，使用时可任意使用其中之一。

③执行零点偏置指令后，机床不做移动，只是在执行程序时把工件原点在机床坐标系中位置量带入数控系统内部计算。

（5）尺寸指令。

地址：X、Z（此外还有 A、C、I、K 等）

功能：表示机床上刀具运动到达的坐标位置或转角。

例如，G00 X60 Z110;表示刀具运动终点的坐标为（60，110）。

尺寸单位有米制、英制之分：米制用 mm（毫米）表示，英制用 in（英寸，1 英寸 =2.54 cm）表示。

（三）上海宇龙数控仿真软件使用简介

1. 机床回零

操作步骤：

单击右下角红色"急停"按钮，"急停"按钮弹起；单击"回零"按钮；单击"+X"按钮；单击"+Z"按钮；机床回到零点；如图 1-5-3 所示。

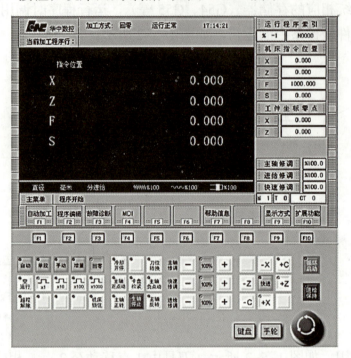

图 1-5-3　X、Z 轴显示为回零状态

CRT 显示 X：0.000，Z：0.000，同时 +X 轴、+Z 轴灯亮，表示机床已回零。

2. 安装毛坯

上海宇龙数控仿真软件工具栏如图 1-5-4 所示。

图 1-5-4　上海宇龙数控仿真软件工具栏

（1）将刀架移动到三爪卡盘附近。将车床调整成俯视状态→单击"⌧"俯视图快捷键；

单击"手动"按钮→单击"快进"按钮→按住"-Z"按钮；刀架移动到 Z 向合适位置，松开"-Z"按钮。

按住"-X"按钮；刀架移动到 X 向合适位置，松开"-X"按钮。

单击"快进"按钮，将快进功能关闭。

注意：刀架所在位置不要影响到工件和刀具的安装。

单击""局部放大或动态放大快捷键，将视图放大到合适尺寸。

（2）定义毛坯和安装毛坯。定义毛坯：单击菜单栏"零件"→单击"定义毛坯"→在"定义毛坯"对话框中设置毛坯的材料、直径和长度→单击"确定"按钮。

安装毛坯：单击菜单栏"零件"→单击"放置毛坯"→在"选择零件"对话框中选择已定义过的毛坯→单击"安装零件"按钮；毛坯会被自动安装在车床三爪卡盘上。

关闭"移动零件"对话框；单击"退出"按钮。

3. 选择和安装刀具

单击菜单栏"机床"→单击"选择刀具"→弹出"车刀选择"对话框，如图1-5-5所示。

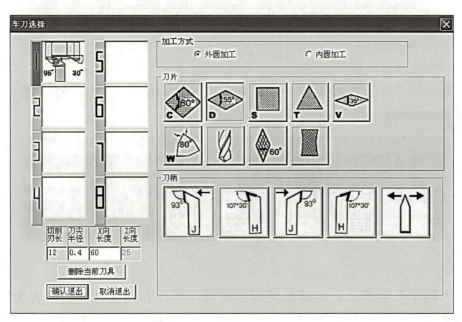

图1-5-5　车刀选择对话框

单击"1"号刀位。加工方式：单击"外圆加工"。

选择刀片：单击"D"型55°角或"V"型35°角刀片。

选择刀柄：单击"93°"或"107°30′"偏角车刀→单击"确认退出"按钮。

单击"　"动态平移快捷键，将视图移动到合适位置。

4. 手动对刀

（1）车端面。将刀尖移到距外圆表面5~6 mm并过端面0.5~2 mm处，刀尖不能碰工件到工件。

单击"主轴正转"按钮→按住"-X"按钮，手动切削端面，车过工件毛坯中心将右端面切平；松开"-X"按钮；然后按住"+X"按钮——将刀具沿+X方向退出工件外圆，Z轴不要移动；单击"主轴停止"按钮，使主轴停转，如图1-5-6所示。

项目一 数控车床基本操作

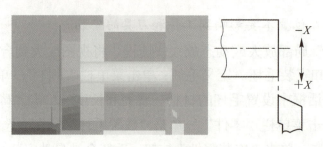

图 1-5-6 车端面

单击"F4（MDI）"按钮；单击"F2（刀偏表）"按钮，如图 1-5-7 所示。

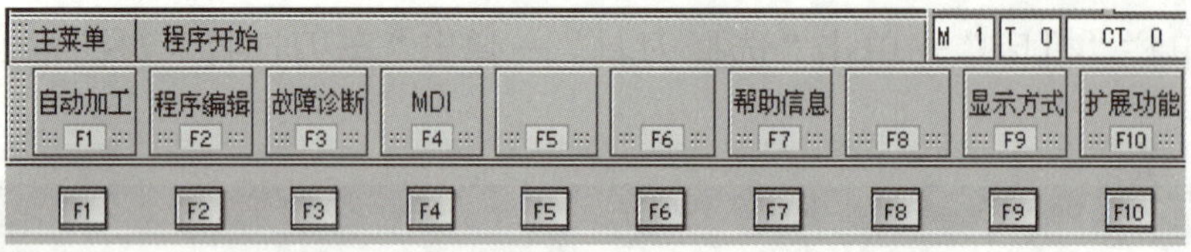

图 1-5-7 主菜单

将光标调到"刀偏号 #0001"→"试切长度"处，单击"回车"键，输入"0.000"值，如图 1-5-8 所示。

刀偏号	X偏置	Z偏置	X磨损	Z磨损	试切直径	试切长度
#0001	0.000	0.000	0.000	0.000	0.000	0.00
#0002	0.000	0.000	0.000	0.000	0.000	0.000
#0003	0.000	0.000	0.000	0.000	0.000	0.000
#0004	0.000	0.000	0.000	0.000	0.000	0.000

图 1-5-8 刀偏表

单击"回车"键确认，此时刀尖所在位置（工件右端面处）被设置为工件坐标系下 Z 轴零点。

（2）车外圆小台阶。将刀具沿 +Z 向移动到超过端面 2～5 mm 处，并沿 –X 向进到工件外圆表面内 1～5 mm，如图 1-5-9 所示。

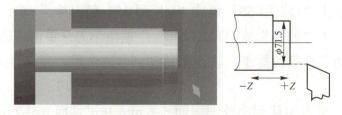

图 1-5-9 车外圆小台阶

单击"主轴正转"按钮→按住"–Z"按钮，手动切削外圆小台阶，使其长度为 5～10 mm，见白可测量即可。

按住"+Z"按钮（退刀），退出端面外→单击"快进"按钮→按住"+Z"按钮（快速退刀），将刀具退至安全位置，不要移动 X 轴。

单击“停主轴”→单击“主轴停止”按钮，使主轴停转。

单击菜单栏“测量”→单击“剖面图测量”，弹出“车床工件测量”对话框。

单击对话框中的零件被切部位，弹出被测部位的测量尺寸，如图 1-5-10 所示。

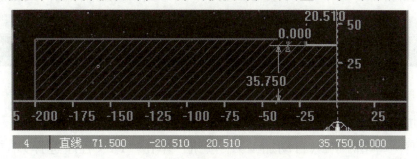

图 1-5-10 测量已车削表面直径

图 1-5-10 中所示为半径值，即 35.750 mm，从该图下面的表中可读出直径值 71.500 mm；记住该值，单击“退出”按钮退出，如图 1-5-11 所示。

刀偏表：

刀偏号	X偏置	Z偏置	X磨损	Z磨损	试切直径	试切长度
#0001	-389.333	-789.283	0.000	0.000	71.500	0.000
#0002	0.000	0.000	0.000	0.000	0.000	0.000
#0003	0.000	0.000	0.000	0.000	0.000	0.000
#0004	0.000	0.000	0.000	0.000	0.000	0.000

图 1-5-11 输入直径值

将光标调到“刀偏号 #0001”→“试切直径”处→单击“回车”键，输入“71.500”值→单击“回车”键确认，即此时刀尖所在位置（工件被切外圆直径处）被设置为工件坐标系下 *X* 坐标值为 71.5 mm 处。

5. 程序编辑

单击“F10”按钮两次，返回到主功能菜单。

单击“F2（程序编辑）”按钮→单击“F2（选择程序编程）”按钮→单击“F1（磁盘编辑）”按钮，弹出“请选择要编辑的 G 代码文件”对话框→单击“回车”按钮，如图 1-5-12 所示。

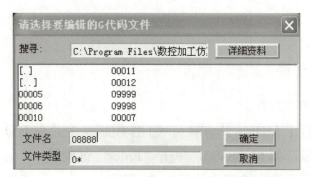

图 1-5-12 输入文件名

文件名输入：以字母"O"开头，后跟四位数字。单击"Enter"按钮，进入编辑状态，如图1-5-13所示。

编辑好程序后，单击"F4（保存文件）"→单击"F10"，返回到主功能菜单。

图 1-5-13　显示程序名

6. 自动加工

选择程序→单击"F1（自动加工）"按钮→单击"F1（程序选择）"按钮→单击"F1（磁盘程序）"按钮，弹出"选择G代码程序"对话框→输入已有的"程序文件名"选择程序→单击"Enter"按钮确定，如图1-5-14所示；或单击"F2（正在编辑的程序）"按钮，选择正在编辑的程序。

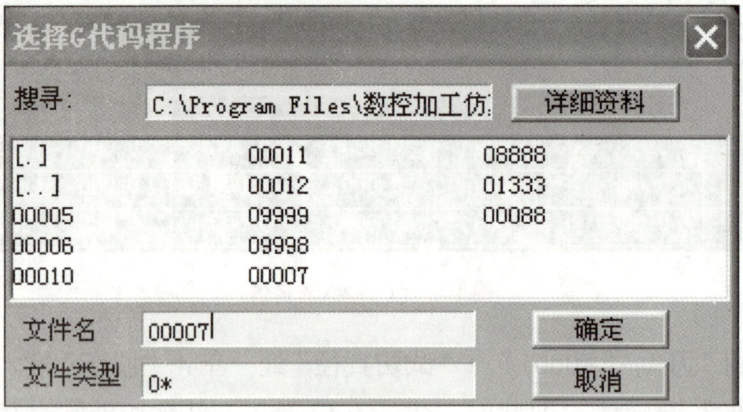

图 1-5-14　选择文件名

程序显示：单击"F9（显示方式）"按钮→单击"F1（显示模式）"按钮→单击"F1（正文）"按钮。

自动加工：单击"自动"按钮→单击绿色"循环启动"按钮，数控车床开始执行程序自动进行加工。

四、任务实施

（一）MDI 手动输入操作

（1）选择自动加工方式。

（2）使机床运行于MDI（手动输入）工作模式（主菜单F3）。

（3）输入指令段，如M03S400，单击"Enter"键确认。

（4）按下"循环启动"按钮，执行MDI程序。

（二）"试切法"对刀及验证方法

1. 工件装夹

取 ϕ30 mm×80 mm 尼龙棒装夹在三爪自定心卡盘中，伸出 50 mm，用划线盘校正并夹紧。

2. 刀具装夹

按要求把外圆车刀装入刀架 T01 刀位号并夹紧。

3. 对刀操作

对刀是数控加工中的重要操作，通过车刀刀位点的试切削，测出工件坐标系在机床坐标系中的位置。数控车刀刀位点是表示该刀具位置的点，常用车刀刀位点如图 1-5-15 所示。

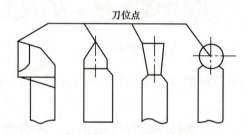

图 1-5-15　常用车刀刀位点

步骤如下：

（1）车端面：确定 Z 偏置。

①选择手动工作模式，按相应坐标轴方向键将刀具移到靠近工件。

②快靠近工件后，改手轮进给（增量，选择合适增量倍率，波段开关置于 X 或 Z）。

③波段开关置于 X，使刀具沿 X 方向退出（退出距离为稍大于工件直径）。

④波段开关置于 Z，使刀具沿 Z 方向切入一定深度（约 1 mm）。

⑤"主轴正转"。

⑥波段开关置于 X，使刀具车过工件旋转中心线后，将刀具沿原路反向退离工件（注意：车端面后、输入数值前车刀不要在 Z 方向移动）。

⑦主轴停止。

⑧在系统的主菜单界面上，选择 F4（刀具补偿），再选择 F1（刀偏表），系统切换到"绝对刀偏表"的编辑界面，如图 1-5-16 所示。

⑨将光标调到"刀偏号 #0001"行"试切长度"处→输入"0"值→单击"Enter"键确认，注意观察其他项值的变化，此时刀尖所在位置（工件右端面处）被设置为工件坐标系下 Z 轴零点。

（2）车外圆：确定 X 偏置。

①波段开关置于 Z，使刀具沿 Z 方向退出工件（距工件端面 2～5 mm 处）。

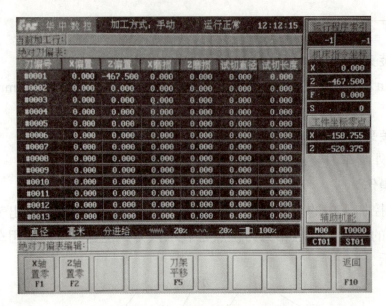

图 1-5-16 刀偏表的编辑界面

②波段开关置于 X，使刀具沿 X 方向切入一定深度（约 1 mm）。

③"主轴正转"。

④波段开关置于 Z，手动车削外圆长约 20 mm，然后将刀具沿原路反向退离工件（注意：车外圆后、输入数值前车刀不要在 X 方向移动）。

⑤主轴停止。

⑥用游标卡尺测量已车削的外圆直径，如测得 28.5 mm（操作时为实际测量的直径）。

⑦主菜单→F4 刀具补偿→F1 刀偏表，光标调到"刀偏号 #0001"行"试切直径"处，输入"28.5"（操作时为实际测量的直径）→单击"回车"键确认，注意观察其他项值的变化。

⑧按 F10 功能键返回系统主菜单界面，外圆车刀对刀完毕。

如果是 T02 号刀具，只需要把数值输到 #0002 相应的位置，其他刀号的刀具对刀同理。

4. 对刀检验

对刀结束后，在 Z 轴方向和 X 轴方向分别验证对刀是否正确。

（1）Z 轴方向验证对刀时：

①选择手动加工方式，使刀具 X 方向离开工件。

②选择自动加工方式，使机床运行于 MDI（手动输入）工作模式（主菜单 F3）。

③输入测试程序：G01 Z0 F100，单击"Enter"键确认。

④按下"循环启动"按钮，执行 MDI 程序。

⑤程序运行结束后，观察刀尖是否与工件右端面处于同一平面，若"是"，则

对刀正确；若"不是"，则对刀不正确，查找原因，重新对刀。

（2）X轴方向验证对刀时：

①选择手动加工方式，使刀具 Z 方向离开工件。

②选择自动加工方式，使机床运行于 MDI（手动输入）工作模式（主菜单 F3）。

③输入测试程序：G01 X0 F100，单击"Enter"键确认。

④按下"循环启动"按钮，执行 MDI 程序。

⑤程序运行结束后，观察刀尖是否处于工件轴线上；若"是"，则对刀正确；若"不是"，则对刀不正确，查找原因，重新对刀。

五、任务总结评价

（一）自我评估

针对能力目标，对自己在任务实施过程中的表现给出分数（满分 100 分）并用 A（优秀）、B（良好）、C（合格）、D（不合格）给出评价等级。

知识与能力	
问题与建议	
自我打分：____分	评价等级：____级

（二）小组评价

小组同学对该同学在任务实施过程中的表现给出分数（单项 0～20 分），并按上述定义予以客观、合理评价。

独立工作能力	学习创新能力	小组发挥作用	任务完成	其他
____分	____分	____分	____分	____分
五项总计得分：____分			评价等级：____级	

（三）教师评价

指导教师根据学生在学习及任务实施过程中的工作态度、综合能力、任务完成情况予以评价。

_____

_____

_____

_____得分：____分，评价等级：____级

项目二
轴类零件加工

任务 2-1　阶梯轴零件加工

任务 2-2　切槽及切断零件加工

任务 2-3　锥度面零件加工

任务 2-4　圆弧面零件加工

任务 2-5　多阶梯轴零件加工

任务 2-6　螺纹零件加工

项目二　轴类零件加工

任务 2-1　阶梯轴零件加工

一、任务要求

图 2-1-1 所示为阶梯轴零件图和三维实体图。要求：

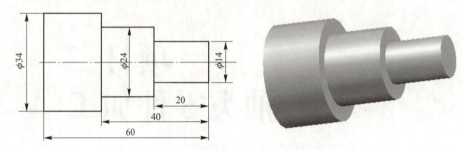

图 2-1-1　阶梯轴零件图和三维实体图

（1）掌握 M、S、F、T、G 等功能指令。
（2）掌握快速定位 G00 指令及应用。
（3）掌握直线插补 G01 指令及应用。
（4）掌握直线倒角 G01 指令及应用。

二、学习目标

（1）能够区分绝对值编程和增量值编程。
（2）能够使用 G00、G01 指令编制程序。
（3）能够通过仿真软件校验程序。
（4）能操作数控车床加工出简单阶梯轴零件。

三、知识准备

（一）程序指令介绍

1. 辅助功能 M 指令

辅助功能由地址字 M 和其后的一或两位数字组成，主要用于控制零件程序的走向，以及机床各种辅助功能的开关动作。

1）非模态 M 功能和模态 M 功能

（1）非模态 M 功能（当段有效代码）：只在书写了该代码的程序段中有效。

（2）模态 M 功能（续效代码）：一组可相互注销的 M 功能，这些功能在被同一组的另一个功能注销前一直有效。

模态 M 功能组中包含一个缺省功能，系统上电时将被初始化为该功能。

2）前作用 M 功能和后作用 M 功能

（1）前作用 M 功能：在程序段编制的轴运动之前执行。

（2）后作用 M 功能：在程序段编制的轴运动之后执行。

华中数控世纪星 HNC-21T 中的 M 代码功能见表 2-1-1（标记▼者为缺省值）。

表 2-1-1　M 指令及功能

代码	模态	功能说明	代码	模态	功能说明
M00	非模态	程序停止	M03	模态	主轴正转启动
M01	非模态	程序暂停	M04	模态	主轴反转启动
M02	非模态	程序结束	M05	模态	▼主轴停止
M30	非模态	程序结束并返回程序起点	M06	非模态	换刀
			M07	模态	切削液打开
M98	非模态	调用子程序	M08	模态	切削液打开
M99	非模态	子程序结束	M09	模态	▼切削液关

M00、M02、M30、M98、M99 用于控制零件程序的走向，是 CNC 内定的辅助功能，不由机床制造商设定决定，也就是说与 PLC 程序无关。

其余 M 代码用于机床各种辅助功能的开关动作，其功能不由 CNC 内定，而是由 PLC 程序指定，有可能因机床制造厂不同而有差异。

3）CNC 内定的辅助功能

（1）程序停止 M00。当 CNC 执行到 M00 指令时，将停止执行当前程序，以方便操作者进行刀具和工件的尺寸测量、工件调头、手动变速等操作。

停止时，机床的进给停止，而全部现存的模态信息保存不变，欲继续执行后续程序，则重按操作面板上的"循环启动"键。

M00 为非模态后作用 M 功能。

（2）程序结束 M02。M02 一般放在主程序的最后一个程序段中。

当 CNC 执行到 M02 指令时，机床的主轴、进给、冷却液全部停止，加工结束。

使用 M02 的程序结束后，若要重新执行该程序，就得重新调用该程序，或在自动加工子菜单下按子菜单 F4 键，然后再按操作面板上的"循环启动"键。

M02 为非模态后作用 M 功能。

（3）程序结束并返回程序起点（复位）M30。M30 和 M02 功能基本相同，但 M30 指令还兼有控制返回到程序起点（%）的作用。

使用 M30 的程序结束后，若重新执行该程序，只需再按操作面板上的"循环启动"键。

4）PLC 设定的辅助功能

（1）主轴控制指令 M03、M04、M05。M03 启动主轴，以程序中编制的主轴速度逆时针（沿 Z 轴正方向朝 Z 轴负向看）方向旋转。

M04 启动主轴，以程序中编制的主轴速度顺时针方向旋转。

M05 使主轴停止旋转。

M03、M04 为模态前作用 M 功能；M05 为模态后作用 M 功能，M05 为缺省功能。

M03、M04、M05 可相互注销。

（2）冷却液打开 M07、M08，停止指令 M09。

M07、M08 指令将打开冷却液管道。

M09 指令将关闭冷却液管道。

M07、M08 为模态前作用 M 功能。

M09 为模态后作用 M 功能，M09 为缺省功能。

2. 主轴功能 S 指令

格式：S××××

主轴功能 S 控制主轴转速，其后的数值表示主轴速度，单位为转/分钟（r/min）。

恒线速度功能时 S 指定切削线速度，其后的数值单位为米/分钟（m/min）。G96 恒线速度有效，G97 取消恒线速度。

S 是模态指令，S 功能只有在主轴速度可调节时有效。

S 所编制的主轴转速可以借助机床控制面板上的"主轴倍率"开关进行修调。

3. 进给功能 F 指令

格式：F×××

F 指令表示工件被加工时刀具相对于工件的合成进给速度，F 的单位取决于 G94（每分钟进给量 mm/min）或 G95（每转进给量 mm/r）。使用下面公式可以实现每转进给量与每分钟进给量的换算：

$$F_m = F_r \times S$$

式中，F_m——每分钟进给量（mm/min）；

F_r——每转进给量（mm/r）；

S——主轴转速（r/min）。

当工作在 G01、G02 或 G03 方式下时，编程的 F 一直有效，直到被新的 F 值所取代；而工作在 G00 方式下时，快速定位的速度是各轴的最高速度，与所编程的 F 无关。

借助机床控制面板上的"进给倍率"按键，F 可在一定范围内进行倍率修调。

当执行攻丝循环 G76、螺纹切削循环 G82、螺纹切削 G32 时，倍率开关失效，进给倍率固定在 100%。

注意：

（1）当使用每转进给量方式时，必须在主轴上安装一个位置编码器。

（2）进行直径编程时，X 轴方向的进给速度单位为：半径的变化量／分、半径的变化量／转。

4．刀具功能 T 指令

格式：T××××

T 指令用于选择刀具，其后的 4 位数字分别表示：前两位为选择的刀具号，后两位为刀具补偿号。

T 指令与刀具的关系是由机床制造厂规定的，请参考机床厂家的说明书。

执行 T 指令，转动转塔刀架，选定指定的刀具转到工作方位。

当一个程序段同时包含 T 代码与刀具移动指令时，先执行 T 代码指令，后执行刀具移动指令；T 指令同时调入刀补寄存器中的补偿值，如图 2-1-2 所示。

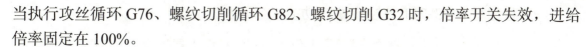

图 2-1-2　刀偏表 X 偏置和 Z 偏置

例：T0101，选择 1 号刀具 1 号刀补；

　　T0202，选择 2 号刀具 2 号刀补；

　　T0103，选择 1 号刀具 3 号刀补。

5．准备功能 G 指令

准备功能 G 指令由 G 及后面一位或两位数值组成，它用来规定刀具和工件的相对运动轨迹、机床坐标系、坐标平面、刀具补偿、坐标偏置等多种加工操作。

G 功能根据其功能的不同分成若干组，其中 00 组的 G 功能称非模态 G 功能，其余的称模态 G 功能。

（1）非模态 G 功能：只在所规定的程序段中有效，程序段结束时被注销。

（2）模态 G 功能：一组可相互注销的 G 功能，这些功能一旦被执行，则一直有效，直到被同一组的 G 功能注销为止。

模态 G 功能组中包含一个缺省 G 功能，数控机床上电时被初始化为该功能。

没有共同地址符的不同组 G 代码可以放在同一程序段中，而且与顺序无关。

例如：G90、G17 可与 G01 放在同一程序段。

华中世纪星 HNC-21T 数控装置 G 功能指令见表 2-1-2。

表 2-1-2　华中世纪星 HNC-21T 数控装置 G- 功能指令

G 代码	组	功　能	参数（后续地址符）
G00 ▼G01 G02 G03	01	快速定位 直线插补 顺圆插补 逆圆插补	X，Z X，Z X，Z，I，K，R X，Z，I，K，R
G04	00	暂停	P
G20 ▼G21	08	英寸输入 毫米输入	X，Z X，Z
G28 G29	00	返回参考点 由参考点返回	
G32	01	螺纹切削	X，Z，R，E，P，F
▼G36 G37	17	直径编程 半径编程	
▼G40 G41 G42	09	刀尖半径补偿取消 左刀补 右刀补	 T T
G53	00	直接机床坐标系编程	
▼G54 G55 G56 G57 G58 G59	11	坐标系选择	
G65		宏指令简单调用	P，A～Z
G71 G72 G73 G76 G80 G81 G82	06	外径/内径车削复合循环 端面车削复合循环 闭环车削复合循环 螺纹切削复合循环 外径/内径车削固定循环 端面车削固定循环 螺纹切削固定循环	X，Z，U，W，C，P Q，R，E X，Z，I，K，C，P R，E
▼G90 G91	13	绝对编程 相对编程	
G92	00	工件坐标系设定	X，Z
▼G94 G95	14	每分钟进给 每转进给	
G96 ▼G97	16	恒线速度切削 恒线速度切削取消	S

注：00 组中 G 代码是非模态指令，其他组 G 代码是模态指令；有▼标记则为缺省值。

（二）有关单位设定 G 代码

1. 尺寸单位选择 G20、G21

格式：G20　　　G21

说明：G20——英制输入制式。

　　　G21——公制输入制式。

两种制式下线性轴、旋转轴的尺寸单位见表 2-1-3。G20、G21 为模态功能，可相互注销，G21 为缺省值。

表 2-1-3　尺寸输入制式及其单位

制式	线性轴	旋转轴
英制（G20）	英寸	度
公制（G21）	毫米	度

2. 进给速度单位的设定 G94、G95

格式：G94 [F__]　　　G95 [F__]

说明：G94——每分钟进给。对于线性轴，F 的单位依 G20/G21 的设定而为 in/min 或 mm/min；对于旋转轴，F 的单位为（°）/min。

　　　G95——每转进给，即主轴旋转一周时刀具的进给量。F 的单位依 G20/G21 的设定而为 in/r 或 mm/r。这个功能只在主轴装有编码器时才能使用。

　　　G94、G95——模态功能，可相互注销，G94 为缺省值。

3. 绝对值编程 G90 与相对值编程 G91

格式：G90　　　G91

说明：G90——绝对值编程，每个编程坐标轴上的编程值是相对于程序原点的。

　　　G91——相对值编程，每个编程坐标轴上的编程值是相对于前一位置而言的，该值等于沿轴移动的距离。

绝对编程时，用 G90 指令后面的 X、Z 表示 X 轴、Z 轴的坐标值。

增量编程时，用 U、W 或 G91 指令后面的 X、Z 表示 X 轴、Z 轴的增量值。其中表示增量的字符 U、W 不能用于循环指令 G80～G82、G71～G73、G76 程序段中，但可用于定义精加工轮廓的程序中。

G90、G91 为模态功能，可相互注销，G90 为缺省值。

【例 2-1-1】　如图 2-1-3 所示，使用 G90、G91 编程。要求刀具由原点 O 按顺序移动到 A、B、C 点，然后回到原点（半径编程）。

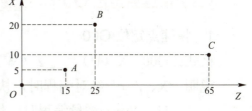

图 2-1-3　G90/G91 编程

G90 编程	G91 编程	混合编程
%0102; N1 G90; N2 G01 X5 Z15; N3 X20 Z25; N4 X10 Z65; N5 G00 X0 Z0; N6 M30;	%0102; N1 G91; N2 G01 X5 Z15; N3 X15 Z10; N4 X-10 Z40; N5 G00 X-10 Z-65; N6 M30;	%0102; N1 G90; N2 G01 X5 Z15; N3 U15 Z25; N4 X10 W40; N5 G00 X0 Z0; N6 M30;

选择合适的编程方式可使编程简化。

当图纸尺寸由一个固定基准给定时,采用绝对方式编程较为方便;而当图纸尺寸是以轮廓顶点之间的距离给出时,则采用相对方式编程较为方便。

4. 直径方式和半径方式

格式:G36 G37

说明:G36——直径编程。

G37——半径编程。

数控车床的工件外形通常是旋转体,其 X 轴尺寸可以用两种方式加以指定:直径方式和半径方式。直径编程注意条件见表 2-1-4。

表 2-1-4 直径编程注意条件

项 目	注意事项
Z 轴指令	与直径、半径无关
X 轴指令	用直径值指令
坐标系的设定	用直径值指令
圆弧插补的半径指令（R、I、K）	用半径值指令
X 轴方向的进给速度	半径的变化/转
X 轴的位置显示	用直径值显示

直径方式编程即 X 方向量为直径值,数控车床加工编程常用直径方式编程。

G36 为缺省值,机床出厂时一般设为直径编程(本书中例题未经说明,均为直径编程)。

(三)快速点定位 G00、直线插补指令 G01 的格式及说明

1. 快速点定位 G00

格式:G00 X(U)____Z(W)____

说明:X、Z——绝对编程时,快速定位终点在工件坐标系中的坐标。

U、W——增量编程时,快速定位终点相对于起点的位移量,U 为 X 方向量,W 为 Z 方向量(终点坐标值-起点坐标值)。

G00 指令刀具相对于工件以各轴预先设定的速度，从当前位置快速移动到程序段指定的定位目标点。

G00 指令中的快速移动速度由机床参数"快移进给速度"对各轴分别设定，不能用 F__ 规定。

G00 一般用于加工前快速定位或加工后快速退刀。

快速移动速度可由面板上的"快速修调"按钮修调。

G00 为模态功能，可由 G01、G02、G03 或 G32 功能注销。

注意：

在执行 G00 指令时，由于各轴以各自速度移动，不能保证各轴同时到达终点，因而联动直线轴的合成轨迹不一定是直线，操作者必须格外小心，以免刀具与工件发生碰撞，如图 2-1-4 所示。

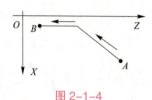

图 2-1-4

常见的做法是将 X 轴移动到安全位置，再放心地执行 G00 指令。

2. 线性进给（直线插补指令）G01

格式：G01 X（U）____Z（W）____F____;

说明：X、Z——绝对编程时，终点在工件坐标系中的坐标。

U、W——增量编程时，终点相对于起点的位移量。

F——合成进给速度。

G01 指令刀具以联动的方式，按 F 规定的合成进给速度，从当前位置按线性路线（联动直线轴的合成轨迹为直线）移动到程序段指令的终点。

G01 是模态代码，可由 G00、G02、G03 或 G32 功能注销。

直线倒角指令 G01，见表 2-1-5。

表 2-1-5 直线倒角指令 G01

指令	G01
功能	该指令用于直线后倒直角、直线后倒圆角，指令刀具从 A 点到 B 点，然后到 C 点（图 2-1-5）
图示	图 2-1-5 后置刀架

指令	G01
格式	G01 X（U） Z（W） $\begin{Bmatrix} C\_ \\ R\_ \end{Bmatrix}$ F
参数	含　义
X、Z	绝对值编程时，为未倒角前两相邻程序段轨迹的交点 G 的坐标值
U、W	增量值编程时，为 G 点相对于起始直线轨迹的始点 A 点的移动距离
C	倒角终点 C，相对于相邻两直线的交点 G 的距离
R	倒角圆弧的半径值
F	合成进给速度
说明	①在螺纹切削程序段中不得出现倒角控制指令； ②当 X 轴、Z 轴指定的移动量比指定的 R 或 C 小时，系统将报警

【例 2-1-2】 如图 2-1-6 所示，毛坯 ϕ35 mm×90 mm，用直线插补指令编程。

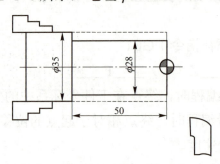

图 2-1-6　例 2-1-2 零件图

```
%0003;                    (绝对值编程)
N01 M03 S600;             (主轴正转，转速 600 r/min)
N02 T0101;                (使用 1 号刀具，刀具补偿号为 01)
N03 G00 X38 Z5;           (快速靠近工件毛坯)
N04 G01 X31 F100;         (定位到切削起点，切深 2 mm)
N05 Z-50;                 (第一次切削)
N06 G00 X36 Z2;           (退刀)
N07 X28;                  (进刀，切深 1.5 mm)
N08 G01 Z-50;             (第二次切削)
N09 G00 X100;             (退刀)
N10 Z100;                 (返回到安全点)
N11 M05;                  (主轴停止转动)
N12 M30;                  (程序结束并复位)
```

```
%0013;                    (增量值编程)
N01 M03 S600;             (主轴正转,转速600 r/min)
N02 T0101;                (使用1号刀具,刀具补偿号为01)
N03 G00 X38 Z5;           (快速靠近工件毛坯)
N04 G01 X31 F100;         (定位到切削起点,切深2 mm)
N05 W-52;                 (第一次切削)
N06 G00 U2 W52;           (退刀到X33 mm、Z2 mm处)
N07 U-5;                  (进刀到X28 mm、Z2 mm处)
N08 G01 W-52;             (第二次切削)
N09 G00 X80;              (退刀)
N10 Z60;                  (返回到安全点)
N11 M05;                  (主轴停止转动)
N12 M30;                  (程序结束并复位)
```

四、任务实施

编制图2-1-7所示零件的加工程序,零件毛坯为φ40 mm×90 mm棒料,材料为尼龙棒,利用上海宇龙仿真软件进行仿真加工,之后操作数控车床完成零件的实际加工。

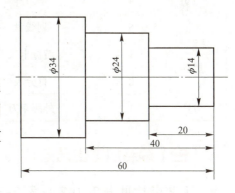

图 2-1-7 阶梯轴的零件图

(一)加工工艺分析

1. 分析零件图

该阶梯轴零件由三段直径分别为φ34 mm、φ24 mm、φ14 mm的圆柱组成,其表面粗糙度及尺寸公差没有特别要求,均为自由公差,零件右端面为其长度方向尺寸基准,零件总长为60 mm。

2. 确定加工方案及加工工艺路线

(1)加工方案:分析零件图形及尺寸,采用三爪自定心卡盘夹紧工件,以轴心线和右端面的交点为编程原点,运用直线插补指令加工此阶梯轴;但由于该零件是由φ36 mm的毛坯加工到最小尺寸为φ14 mm的圆柱,切削量过大,不能一刀完成,所以需要分层加工;加工精度较低,所以不分粗、精加工;粗加工每刀单边加工量选2.5 mm,加工结束后用切断刀保证总长。

(2)加工工艺路线如下。

①夹持零件毛坯,伸出卡盘约80 mm(观察Z轴限位距离),找正并夹紧。

②选择1号外圆车刀，加工工件轮廓至尺寸。
③切断零件，保证总长。

（二）实施设施准备

设备型号：凯达CK6136S数控车床。

毛坯：$\phi 40$ mm×90 mm 尼龙棒。

选择工、量、刃具，清单见表2-1-6。

表2-1-6 工、量、刃具清单

工、量、刃具清单				精度/mm	单位	数量
种类	序号	名称	规格			
工具	1	三爪自定心卡盘			个	1
	2	卡盘扳手			副	1
	3	刀架扳手			副	1
	4	垫刀片	0.2～2 mm		块	若干
	5	划线盘			个	1
量具	1	游标卡尺	0～150 mm	0.02	把	1
	2	百分表	0～10 mm	0.01	只	1
刃具	1	外圆车刀	95°		把	1

（三）编制加工工艺卡片

工艺卡片见表2-1-7～表2-1-9。

表2-1-7 数控加工刀具卡

产品名称或代号			零件名称	阶梯轴	零件图号		
序号	刀具号	刀具名称	数量	加工表面	刀尖半径 R/mm	刀尖方位 T	备注
1	T0101	外圆粗车刀	1	粗车外轮廓	0.8	3	刀尖角80° 主偏角95°
编制		审核		批准		日期	共1页 第1页

表 2-1-8 数控加工工序卡

单位名称		产品名称或代号		零件名称		零件图号	
				阶梯轴			
工序号	程序编号	夹具名称		使用设备		车间	
		三爪自定心卡盘		CK6 136S 数控车床		数控实训基地	
工步号	工步内容	刀具号	刀片规格 R/mm	主轴转速 $n/(\mathrm{r \cdot min^{-1}})$	进给速度 $V_f/(\mathrm{mm \cdot min^{-1}})$	切削深度 a_p/mm	备注
1	粗车外轮廓	T0101	0.8	600	150	1.5	
2	检测、校核						
编制		审核		批准	日期	共 页	第 页

表 2-1-9 数控加工程序单

程序名 O0001		
程序段号	程序内容	说明
	%0425;	程序头
N10	M03 S600;	主轴正转，600 r/min
N20	T0101;	选择 1 号刀具，选择 1 号刀补
N30	G00 X42 Z0;	快速定位，靠近工件右端面
N40	G01 X0 F100;	车右端面，进给速度为 100 mm/min
N50	X34;	进刀至 ϕ34
N60	Z-60;	车削 ϕ34 阶梯轴
N70	G00 X38 Z2;	快速退刀
N80	X29;	进刀至 ϕ29
N90	G01 Z-40;	车削 ϕ29 阶梯轴
N100	G00 X38 Z2;	快速退刀
N110	X24;	进刀至 ϕ24
N120	G01 Z-40;	车削 ϕ24 阶梯轴
N130	G00 X38 Z2;	快速退刀
N140	X19;	进刀至 ϕ19
N150	G01 Z-20;	车削 ϕ19 阶梯轴
N160	G00 X38 Z2;	快速退刀
N170	X14;	准备车 ϕ14 外圆
N180	G01 Z-20;	车削 ϕ14 阶梯轴

续表

程序名 O0001		
程序段号	程序内容	说明
N190	G00 X100;	径向快速退刀至 X100
N200	Z100;	轴向快速退刀至 Z100
N210	M05;	主轴停止
N220	M30;	程序结束

（四）操作仿真软件，完成零件仿真加工

略。

（五）操作数控车床，完成零件实际加工

零件加工步骤如下。

（1）检查坯料尺寸。

（2）按顺序打开机床，并将机床回参考点。

（3）装夹刀具与工件。外圆车刀按要求装于刀架 T01 号刀位，外圆车刀刀尖点与工件中心等高。尼龙棒夹在三爪自定心卡盘上，伸出 70 mm，找正并夹紧。

（4）手动对刀，建立工件坐标系。

Z 轴对刀：

①手动方式下，使主轴正转；或者 MDA（MDI）方式输入 M03 S400。

②手动方式下，移动刀具，车削工件右端面至轴线中心处。注意，刀具接近工件时，进给倍率为 1%～2%。在控制面板 MDI 的刀偏表下，#0 001 位置，在刀具长度补偿存储器中输入"0"。

X 轴对刀：

①手动方式下，使主轴正转；或者 MDA（MDI）方式输入 M03 S400。

②手动方式下，移动刀具，使外圆车刀外车削一段外圆面（2～3 mm），Z 方向退出刀具；停车，测量已车外圆直径；注意刀具接近工件时，进给倍率为 1%～2%。在控制面板 MDI 的刀偏表下，#0 001 位置，在刀具直径补偿存储器中输入直径值。完成外圆车刀的对刀。

（5）输入程序。

（6）锁住机床，校验程序。

（7）程序校验无误后，开始加工。

（8）加工完成后，按照图纸检查零件。

（9）检查无误后，关机，清扫机床。

五、任务总结评价

（一）自我评估

针对能力目标，对自己在任务实施过程中的表现给出分数（满分100分）并用A（优秀）、B（良好）、C（合格）、D（不合格）给出评价等级。

知识与能力	
问题与建议	
自我打分：____分	评价等级：____级

（二）小组评价

小组同学对该同学在任务实施过程中的表现给出分数（单项0～20分），并按上述定义予以客观、合理评价。

独立工作能力	学习创新能力	小组发挥作用	任务完成	其他
____分	____分	____分	____分	____分
五项总计得分：____分			评价等级：____级	

（三）教师评价

指导教师根据学生在学习及任务实施过程中的工作态度、综合能力、任务完成情况予以评价。

_____
_____
_____

得分：____分，评价等级：____级

六、技能拓展

编制图2-1-8所示零件的加工程序，零件毛坯为 $\phi 45$ mm×100 mm 棒料，材料为尼龙棒，利用上海宇龙仿真软件进行仿真加工，之后操作数控车床完成零件的实际加工。

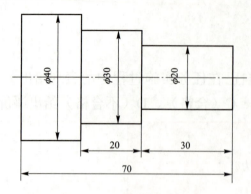

图 2-1-8 阶梯轴的零件图

任务 2-2 切槽及切断零件加工

一、任务要求

切槽零件图和三维定体图如图 2-2-1 所示。要求：

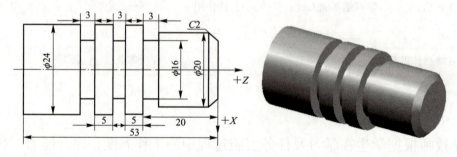

图 2-2-1 切槽零件图和三维实体图

（1）理解切槽的加工工艺。
（2）能够运用 G01、G04 指令编写程序。
（3）能够运用 M98、M99 子程序调用指令。
（4）能够正确掌握切槽刀的对刀操作。

二、学习目标

（1）掌握切槽刀装夹方法。

（2）掌握切槽刀安装、对刀及校验方法。

（3）能够通过仿真软件校验程序。

（4）能操作数控车床加工出外槽零件。

（5）掌握程序断点加工方法。

三、知识准备

（一）相关工艺知识

1. 槽的分类与特点

按形状，槽可分为直槽、V形槽、R槽等；按所在位置，槽可分为外圆槽、端面槽等。如图2-2-2所示。

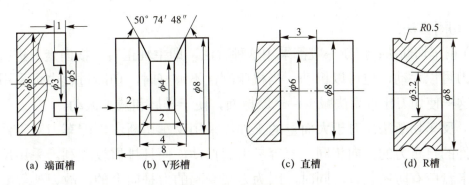

(a) 端面槽　　(b) V形槽　　(c) 直槽　　(d) R槽

图2-2-2　槽的分类

2. 技术要求的确认

技术要求有定位尺寸、槽口尺寸、槽深、槽口角度和表面粗糙度。

3. 刀具参数选用

切断刀与一般的切槽刀的形状大致相同，当加工窄槽时，切槽刀刀头宽度等于槽宽。切断刀虽不受槽宽限制，但也不能太窄。若太宽，浪费金属材料且因切削力太大而引起振动；若太窄，刀头容易折断。

通常切断刀刀头宽度 a 可按下面经验公式确定：

$$a \approx （0.5 \sim 0.6）D$$

式中，D——工件直径（mm）。

切槽刀刀头的长度根据加工具体情况确定，一般不宜太长。断刀刀头的长度应大于将工件切断时的切入深度2～3 mm。刀杆长度 $l = h + （2 \sim 3）$。

4. 切断与切槽的方法

1) 车刀的安装与注意事项。

（1）切断刀不宜伸出过长，同时切断刀的中心线必须与工件轴线垂直，以保证两副偏角的对称。

(2)切断实心工件时,切断刀必须装得与工件轴线等高,否则不能切到中心,而且容易崩刃甚至折断车刀。

(3)切断刀底平面如果不平,安装时会引起两副后角不对称。

(4)切断毛坯表面的工件前,最好用外圆车刀把工件先车圆,或开始时尽量减小走刀量,进刀要慢些;否则,较大的冲击力容易损坏车刀。

(5)用手动进刀切断时,应注意走刀的均匀性,并且不得中途停止走刀,否则车刀与已加工面不断产生摩擦,造成迅速磨损。如果加工中必须停止走刀或停车,则应先将车刀退出。

(6)用卡盘装夹工件切断时,切断位置应尽可能靠近卡盘;否则容易引起振动,或使工件抬起压断切断刀。

(7)切断一夹一顶装夹的工件时,工件不应完全切断,应卸下工件后再调敲断。

2)切断方法。

(1)正车切断法:切断一般都采用这种方法,即主轴正转,横向走刀进行车削。横向走刀可以手动,也可以机动。当机床刚性不够好时,切断过程中可采用分段切削法。这样使切刀比直切法减少一个摩擦面,便于排屑和减少振动。

(2)反车切断法:对于大而重的工件,采用反车切断法,因车刀对工件的作用力与工件的自重力的方向相同,不容易引起振动,而且排屑较顺利。采用反车切断法时,卡盘应有防松装置,同时,因为刀架受到的力是向上的,故刀架等要有足够的刚性。反车切断法的缺点是难以观察切削过程中的具体情况。

切断时,由于切断刀伸入槽内,周围被工件和切屑包围,散热条件很差。为了降低切削区域的温度,应在切断时浇注充分的切削液进行冷却。

3)切槽方法。

(1)窄槽加工方法(直进法):当槽宽度尺寸不大时,可采用刀头宽度等于槽宽的切槽刀,一次进给切出,如图2-2-3所示。编程时,还可用G04指令在刀具切至槽底时停留一定时间,以光整槽底。图2-2-1所示零件的3个槽即可采用这种方法加工。

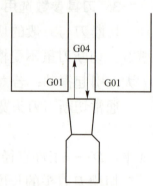

图2-2-3 直进法切槽

(2)宽槽加工方法:当槽宽度尺寸较大(大于切槽刀刀头宽度)时,应采用多次进给方法,并在槽底及槽壁两侧留有一定精车余量,然后根据槽宽尺寸进行精加工。槽宽加工的刀具路线图如图2-2-4所示。

切槽刀有左、右两个刀尖及切削刃中心处三个刀位点。在整个加工过程中,应采用同一个刀位点,一般采用左刀尖点作为刀位点1(为对刀点),编程较方便,如图2-2-5所示。

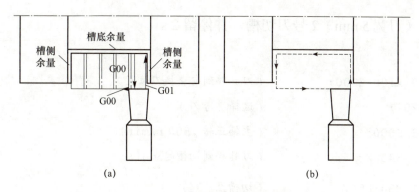

图 2-2-4 宽槽加工的刀具路线

（a）宽槽粗加工；（b）宽槽精加工

切槽过程中退刀路线应合理，避免撞刀；切槽后，应该先沿径向（X 向）退出切槽刀，再沿轴向（Z 向）退刀，如图 2-2-6 所示。

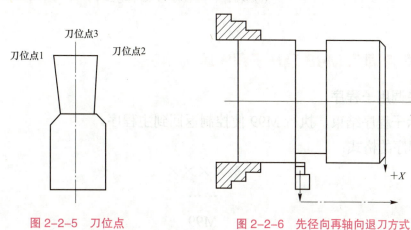

图 2-2-5 刀位点　　　图 2-2-6 先径向再轴向退刀方式

（二）暂停指令 G04

格式：G04 P__；

说明：P 为暂停时间，单位为 s。

G04 在前一程序段的进给速度降到零之后才开始暂停动作。

在执行含 G04 指令的程序段时，先执行暂停功能。

G04 为非模态指令，仅在其被规定的程序段中有效。

G04 可使刀具作短暂停留，以获得圆整而光滑的表面。该指令除用于切槽、钻孔、镗孔外，还可用于拐角轨迹控制。

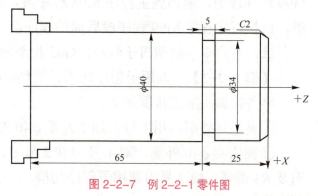

图 2-2-7 例 2-2-1 零件图

【例 2-2-1】 如图 2-2-7 所示

选择切槽刀（刀宽 5 mm）2 号刀切槽，并停留 2 s。

```
%0013;
N10 G00 X100 Z100;        （刀具移到安全换刀位置）
N20 T0202;                （选择 2 号刀）
N30 M03 S500;             （主轴正转,500 r/min）
N40 G00 X45 Z-25;         （刀具移到切槽起点）
N50 G01 X34 F50;          （切槽至 φ34）
N60 G04 P2;               （停留 2s）
N70 G00 X100;             （退刀）
N80 Z100;                 （回换刀点）
N90 M30;                  （主轴停、主程序结束并复位）
```

（三）子程序调用 M98 及从子程序返回 M99

M98 用来调用子程序。

M99 表示子程序结束，执行 M99 使控制返回到主程序。

（1）子程序的格式：

$$\%\times\times\times\times$$

$$\cdots\cdots$$

$$M99$$

在子程序开头，必须规定子程序号，以作为调用入口地址。

在子程序的结尾用 M99，以控制执行完该子程序后返回主程序。

（2）调用子程序的格式：

M98 P__ L__

说明：P——被调用的子程序号，L——重复调用次数。

当主程序运行到 M98 程序段时，转移到子程序执行子程序，当子程序运行到 M99 程序段时，返回到主程序 M98 程序段，重复调用子程序，直到调用次数执行完毕，再执行主程序 M99 程序段后面的程序段。

注：可以带参数调用子程序，G65 指令的功能和参数与 M98 相同。

【例 2-2-2】 调用子程序切槽，毛坯：φ55 mm×105 mm，如图 2-2-8 所示。零件需调头加工步骤如下。

①夹毛坯外圆，用 1 号刀加工左端 φ40 外圆及锥面（程序略）。

②调头夹 φ40 外圆，对 1 号刀和 2 号刀，用 1 号刀车 φ50 外圆、φ44 外圆、锥面及 R3 圆弧，换 2 号刀调用子程序切槽。

刀具选择：1号刀加工外形，2号刀切槽，刀宽3 mm。

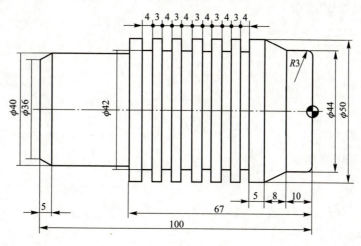

图 2-2-8 例 2-2-2 零件图

%0030;
N0010 M03 S900;
N0020 T0101;
N0030 G00 X60 Z0;
N0040 G01 X0 F120;
N0050 X51;
N0060 Z-68;
N0070 G00 X52 Z2;
N0080 X45;
N0090 G01 Z-10;
N0100;W-8 X51;
N0110 G00 Z1;
N0120 X38;
N0130 G01 Z0 F80;
N0140 G03 X44 Z-3 R3;
N0150 G01 Z-10;
N0160 X50 W-8;
N0170 Z-68;
N0180 G00 X100;
N0190 Z80;
N0200 T0202;
N0210 S600;
N0220 G00 X52 Z-20;

```
N0230 M98 P0130 L6;
N0240 G00 X100;
N0250 Z80;
N0260 M30;
%0130
N0300 G00 W-6;
N0310 G01 X42 F50;
N0320 G04 P1;
N0330 G00 X52;
N0340 W-1;
N0350 G01 X42;
N0360 G04 P1;
N0370 G00 X52;
N0380 M99;
```

四、任务实施

编制图 2-2-9 所示零件的加工程序，零件毛坯为 $\phi 30$ mm×80 mm 棒料，材料为尼龙棒，利用上海宇龙仿真软件进行仿真加工，之后操作数控车床完成零件的实际加工。

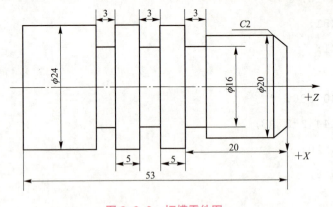

图 2-2-9 切槽零件图

（一）加工工艺分析

1. 分析零件图

该阶梯轴零件由三段直径分别为 $\phi 24$ mm、$\phi 20$ mm、$\phi 16$ mm 的圆柱，槽宽为

3 mm 的沟槽，以及倒角 C2 组成，其表面粗糙度及尺寸公差没有特别要求，均为自由公差，零件右端面为其长度方向尺寸基准，零件总长为 53 mm。

2. 确定加工方案及加工工艺路线

加工方案：分析零件图形及尺寸，采用三爪自定心卡盘夹紧工件，以轴心线和右端面的交点为编程原点。该零件有 3 个外沟槽需要切削，可以利用 G04 指令进行暂停及排屑分层加工；加工精度较低，所以不分粗、精加工；粗加工每刀单边加工量选 1 mm，加工结束后用切断刀保证总长。

加工工艺路线如下。

（1）夹持零件毛坯，伸出卡盘约 65 mm（观察 Z 轴限位距离），找正并夹紧。

（2）选择 1 号外圆车刀，加工工件轮廓至尺寸。

（3）选择 2 号外切槽刀，加工工件槽宽及槽深至尺寸。

（4）切断零件，保证总长。

（二）实施设施准备

设备型号：凯达 CK6136S 数控车床。

毛坯：ϕ30 mm×85 mm 尼龙棒。

选择工、量、刃具，清单见表 2-2-1。

表 2-2-1 工、量、刃具清单

种类	序号	名称	规格	精度 /mm	单位	数量
工具	1	三爪自定心卡盘			个	1
	2	卡盘扳手			副	1
	3	刀架扳手			副	1
	4	垫刀片	0.2～2 mm		块	若干
	5	划线盘			个	1
量具	1	游标卡尺	0～150 mm	0.02	把	1
	2	百分表	0～10 mm	0.01	只	1
刃具	1	外圆车刀	95°		把	1
	2	外切槽刀	3 mm		把	1

（三）编制加工工艺卡片

工艺卡片见表 2-2-2～表 2-2-4。

表 2-2-2 零件加工刀具卡

产品名称或代号			零件名称	切槽及切断	零件图号		
序号	刀具号	刀具名称	数量	加工表面	刀尖半径 R/mm	刀尖方位 T	备注
1	T0101	外圆粗车刀	1	粗车外轮廓	0.8	3	刀尖角 80° 主偏角 95°
2	T0202	外切槽刀	1	切槽			刀宽 3 mm, 切深 10 mm
编制		审核		批准	日期	共 页	第 页

表 2-2-3 零件加工工序卡

单位名称		产品名称或代号		零件名称		零件图号	
				切槽及切断			
工序号	程序编号	夹具名称		使用设备		车间	
		三爪自定心卡盘		CK6136S 数控车床		数控实训基地	
工步号	工步内容	刀具号	刀片规格 R/mm	主轴转速 n/(r·min^{-1})	刀具号	刀片规格 R/mm	主轴转速 n/(r·min^{-1})
1	粗车外轮廓	T0101	0.8	600	150	1.5	
2	倒角	T0101	0.8	600	150	1.5	
3	切外沟槽	T0202	3	400	40	1	
4	切断	T0202	3	400	40	1	
5	检测、校核						
编制		审核		批准	日期	共 页	第 页

表 2-2-4 零件加工程序单

程序名 O0001		
程序段号	程序内容	说明
	%0425;	程序头
N10	M03 S600;	主轴正转,600 r/min
N20	T0101;	选择 1 号刀具,选择 1 号刀补
N30	G00 X32 Z2;	快速定位,靠近工件毛坯
N40	G01 Z0 F60;	车削工件右端面至中心点
N50	X0;	

续表

程序名 O0001		
程序段号	程序内容	说明
N60	X27；	进刀至工件 φ27 mm
N70	G01 Z-53 F150；	车削 φ27 台阶，长度 53 mm
N80	G00 X32 Z2；	退刀
N90	X24；	进刀至工件 φ24 mm
N100	G01 Z-53；	车削 φ24 台阶，长度 53 mm
N110	G00 X32 Z2；	退刀
N120	X22；	进刀至工件 φ22 mm
N130	G01 Z-20；	车削 φ22 台阶，长度 20 mm
N140	G00 X26 Z2；	退刀
N150	X20；	进刀至工件 φ20 mm
N160	G01 Z-20；	车削 φ20 台阶，长度 20 mm
N170	G00 X26 Z2；	退刀
N180	X16；	进刀至工件 φ16 mm
N190	G01 X20 Z-2；	倒角 C2
N200	G00 X100；	先径向快速退刀至 X100
N210	Z100；	再轴向快速退刀至 Z100
N220	T0202；	换 2 号切槽刀，选择 2 号刀补
N230	S400；	主轴转速，400 r/min
N240	G00 X30；	
N250	Z-36；	快速点位至 Z-36 mm 沟槽，切削第 1 个沟槽
N260	G01 X16 F40；	切槽深度至 φ16 mm
N270	G04 P2；	暂停 2 s
N280	G00 X26；	退刀
N290	Z-28；	快速点位至 Z-28 mm 沟槽，切削第 2 个沟槽
N300	G01 X16 F40；	切槽深度至 φ16 mm
N310	G04 P2；	暂停 2 s
N320	G00 X26；	退刀
N330	Z-20；	快速点位至 Z-20 mm 沟槽，切削第 3 个沟槽
N340	G01 X16 F40；	切槽深度至 φ16 mm
N350	G04 P2；	暂停 2 s

续表

程序名 O0001		
程序段号	程序内容	说明
N360	G00 X100;	先径向快速退刀至 X100
N370	Z100;	再轴向快速退刀至 Z100
N380	M05;	主轴停止
N390	M30;	程序结束

（四）操作数控仿真软件，完成零件仿真加工

略。

（五）操作数控车床，完成零件实际加工

零件加工步骤如下。

（1）检查坯料尺寸。

（2）按顺序打开机床，并将机床回参考点。

（3）装夹刀具与工件。

外圆车刀按要求装于刀架 T01 号刀位，切槽（断）刀按要求装于刀架 T02 号刀位，切槽刀的左刀尖与工件中心等高，保证刀头与工件轴线垂直，防止因干涉而折断刀头。尼龙棒夹在三爪自定心卡盘上，伸出 65 mm，找正并夹紧。

（4）手动对刀，建立工件坐标系。

切槽刀对刀时以左刀尖点为刀位点（与编程采用的刀位点一致），来对刀。

Z 轴对刀：

①手动方式下，使主轴正转；或者 MDA（MDI）方式输入 M03 S400。

②手动方式下，移动刀具，使切槽刀左侧刀尖刚好接触工件右端面。注意刀具接近工件时，进给倍率为 1%～2%。在控制面板 MDI 的刀偏表下，#0002 位置，在刀具长度补偿存储器中输入"0"。

X 轴对刀：

①手动方式下，使主轴正转；或者 MDA（MDI）方式输入 M03 S400。

②手动方式下，移动刀具，使切槽刀主切削刃刚好接触工件外圆（可以取外圆车刀试车削的外圆表面）或另在已车外圆表面再车一段外圆面（2～3 mm），Z 方向退出刀具；停车，测量已车外圆直径；注意刀具接近工件时，进给倍率为 1%～2%。在控制面板 MDI 的刀偏表下，#0002 位置，在刀具直径补偿存储器中输入直径值。依次完成外圆车刀、外切槽刀的对刀。

（5）输入程序。

(6）锁住机床，校验程序。
(7）程序校验无误后，开始加工。
(8）加工完成后，按照图纸检查零件。
(9）检查无误后，关机，清扫机床。

五、任务总结评价

（一）自我评估

针对能力目标，对自己在任务实施过程中的表现给出分数（满分 100 分）并用 A（优秀）、B（良好）、C（合格）、D（不合格）给出评价等级。

知识与能力	
问题与建议	
自我打分：＿＿分	评价等级：＿＿级

（二）小组评价

小组同学对该同学在任务实施过程中的表现给出分数（单项 0～20 分）及等级予以客观、合理评价。

独立工作能力	学习创新能力	小组发挥作用	任务完成	其他
＿＿分	＿＿分	＿＿分	＿＿分	＿＿分
五项总计得分：＿＿分			评价等级：＿＿级	

（三）教师评价

指导教师根据学生在学习及任务实施过程中的工作态度、综合能力、任务完成情况予以评价。

_____
_____
_____
　　　　　　　　　　　　　　得分：＿＿分，评价等级：＿＿级

项目二　轴类零件加工

六、技能拓展

编制图 2-2-10 所示零件的加工程序，零件毛坯为 $\phi 40$ mm×80 mm 棒料，材料为尼龙棒，利用上海宇龙仿真软件进行仿真加工，之后操作数控车床完成零件的实际加工。

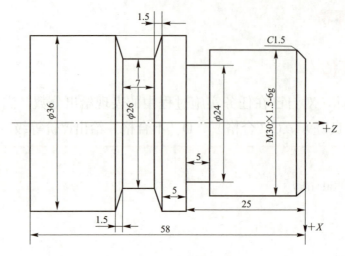

图 2-2-10　外沟槽零件图

任务 2-3　锥度面零件加工

一、任务要求

外圆锥面零件图和三维实体图如图 2-3-1 所示。要求：

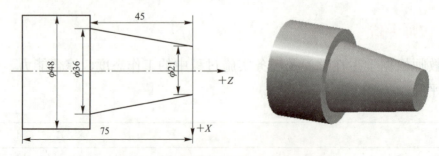

图 2-3-1　外圆锥面零件图和三维实体图

（1）了解锥面的标注及尺寸计算。

(2)掌握简单循环 G80、G81 指令及应用。

(3)会编制外圆锥零件加工工艺。

二、学习目标

(1)能够使用简单循环指令 G80、G81 编制程序。

(2)能够通过仿真软件校验程序。

(3)能操作数控车床加工出简单阶梯轴零件。

三、知识准备

(一)圆锥面基本参数计算

圆锥面基本参数计算见表 2-3-1。

表 2-3-1 圆锥面基本参数计算

基本参数	图例
最大圆锥直径:D	
最小圆锥直径:d	
圆锥长度:L	
锥度比:$C=(D-d)/L$ 圆锥半角:$\alpha/2$ $\dfrac{C}{2}=\tan\left(\dfrac{\alpha}{2}\right)$	
备注:圆锥具有 4 个基本参数(C、D、d、L),只要已知其中三个参数,便可以通过公式 $C=(D-d)/L$ 计算出未知参数	

(二)内(外)径切削循环 G80 指令

1. 圆柱面内(外)径切削循环

格式:G80　　X____　　Z____　　F____；

说明:X、Z——绝对编程时,为切削终点 C 在工件坐标系下的坐标;增量编程时,为切削终点 C 相对循环起点 A 的有向距离,图中用 U、W 表示,其符

号由轨迹 $A \to B$ 和 $B \to C$ 的方向确定，沿坐标轴正方向为正，反之为负；二轴坐标必须齐备，相对坐标不能为零。该指令执行的动作轨迹如图 2-3-2 所示：$A \to B \to C \to D \to A$。

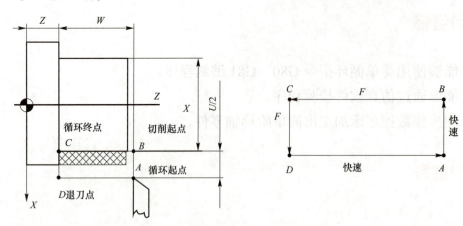

图 2-3-2　圆柱面内（外）径切削循环

【例 2-3-1】　零件外圆 $\phi35$ 已加工，用 G80 循环指令编程加工 $\phi20\times50$ 外圆，切削深度（半径量）1.5 mm，如图 2-3-3 所示。

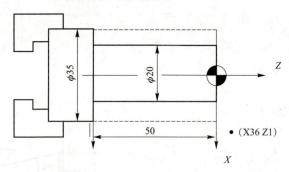

图 2-3-3　例 2-3-1 零件及运动示意图

```
%0014;
N0010 M03 S600;              (主轴正转,600 r/min)
N0020 T0101;                 (选择1号刀)
N0030 G00 X36 Z1;            (刀具移到循环起点X36,Z1)
N0040 G80 X32 Z-50 F80;      (G80循环,刀具停在循环起点)
N0050 X29 Z-50;              (G80循环,刀具停在循环起点)
N0060 X26 Z-50;              (G80循环,刀具停在循环起点)
N0070 X23 Z-50;              (G80循环,刀具停在循环起点)
N0080 X20 Z-50;              (G80循环,刀具停在循环起点)
N0090 G00 X100 Z100;         (退刀,刀具移到安全换刀位置)
N0100 M30;                   (主轴停,主程序结束并复位)
```

2. 圆锥面内(外)径切削循环

格式：G80　　X____　Z____　I____　F____；

说明：X、Z——绝对编程时，为切削终点 C 在工件坐标系下的坐标。增量编程时，为切削终点 C 相对循环起点 A 的有向距离，图中用 U、W 表示，其符号由轨迹 A→B 和 B→C 的方向确定，沿坐标轴正方向为正，反之为负。二轴坐标必须齐备，相对坐标不能为零。

　　　　I——切削起点 B 与切削终点 C 的半径差，其符号为差的符号（不论是绝对值还是增量值编程）。

该指令执行的动作轨迹如图 2-3-4 所示：A→B→C→D→A。

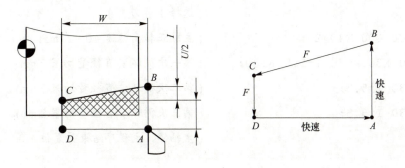

图 2-3-4　圆锥面内(外)径切削循环

【例 2-3-2】　零件如图 2-3-5 所示，虚线表示毛坯外形，单边余量 4.5 mm，用 G80 指令编程。

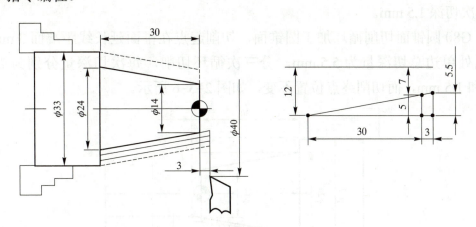

图 2-3-5　例 2-3-2 型件及运动示意图

分析：单边余量 4.5 mm，分三次循环切削，每次切深 1.5 mm；刀具已在循环起点，切削起点在锥面延长线距端面 3 mm 处。

由图示相似三角形关系可知：I =（33/30）×5 = 5.5。

方法一：

```
%0115;                              (增量值编程)
T0101;                              (选择1号刀具)
M03 S400;                           (主轴正转,转速400 r/min)
G91 G80 X-10 Z-33 I-5.5 F100;       (第一次循环,直径量切深3 mm)
X-13 Z-33 I-5.5;                    (第二次循环,直径量切深3 mm)
X-16 Z-33 I-5.5;                    (第三次循环,直径量切深3 mm)
M30;                                (主轴停,主程序结束并复位)
%0215;                              (绝对值编程)
T0101;                              (选择1号刀具)
M03 S400 G00 X40 Z3;                (主轴正转,转速400 r/min)
G90 G80 X30 Z-30 I-5.5 F100;        (第一次循环,直径量切深3 mm)
X27 Z-30 I-5.5;                     (第二次循环,直径量切深3 mm)
X24 Z-30 I-5.5;                     (第三次循环,直径量切深3 mm)
M30;                                (主轴停、主程序结束并复位)
```

方法二：（分两步循环切削）

用 G80 圆柱面切削循环加工出 φ24 圆柱面，单边余量 4.5 mm，分三次循环切削，每次切深 1.5 mm。

用 G80 圆锥面切削循环加工圆锥面，切削起点在锥面延长线距端面 3 mm 处，延长线处单边总切深量为 5.5 mm，分三次循环切削，每次切深量分别为 2 mm、2 mm 和 1.5 mm，而切削终点位置不变，如图 2-3-6 所示。

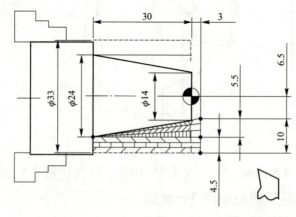

图 2-3-6　2-3-2 方法二零件及运动示意图

```
%0315;                          (绝对值编程)
T0101;                          (选择1号刀具)
M03 S600;                       (主轴正转,转速600 r/min)
G00 X35 Z3;                     (刀具移动到圆柱面循环起点)
G80 X30 Z-30 F100;              (第一次循环,直径量切深3 mm)
X27 Z-30;                       (第二次循环,直径量切深3 mm)
X24 Z-30;                       (第三次循环,直径量切深3 mm)
G00 X26 Z3;                     (刀具移动到圆锥面循环起点)
G80 X24 Z-30 I-2;               (第一次圆锥面循环,I为-2)
X24 Z-30 I-4;                   (第二次圆锥面循环,I为-4)
X24 Z-30 I-5.5;                 (第三次圆锥面循环,I为-5.5)
G00 X100;                       (退刀)
Z80;                            (刀具移到安全换刀位置)
M05;                            (主轴停)
M30;                            (主程序结束并复位)
```

(三)端面切削循环 G81 指令

格式：G81　　X____　Z____　K____　F____；

说明：X、Z——绝对编程时，为切削终点 C 在工件坐标系下的坐标；增量编程时，为切削终点 C 相对循环起点 A 的有向距离，图 2-3-7 中用 U、W 表示。

其符号由轨迹 A→B 和 B→C 的方向确定，沿坐标轴正方向为正，反之为负。

　　　　K——切削起点 B 相对切削终点 C 的 Z 向有向距离（轴向增量）（K≠0 时，为圆锥端面切削循环；K=0 时，为端平面切削循环）。

该指令执行的动作轨迹如图 2-3-7 和图 2-3-8 所示：A→B→C→D→A。

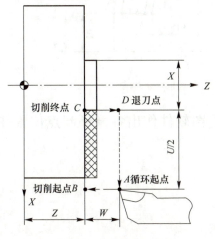

图 2-3-7　端平面切削循环

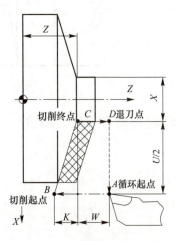

图 2-3-8　圆锥端面切削循环

【例2-3-3】 用端面切削循环G81指令编程,轴向每次进刀2 mm,如图2-3-9所示。

```
%0016;
M03 S600;
T0101;
G00 X105 Z38;
G01 X0 F50;
G00 Z39 X102;
G81 X40 Z36 F60;
X40 Z34;
X40 Z32;
X40 Z30;
G00 X120;
Z100;
M05;
M30;
```

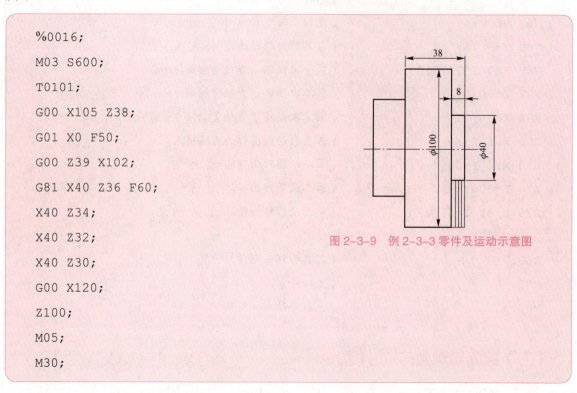

图2-3-9 例2-3-3零件及运动示意图

【例2-3-4】 用圆锥端面切削循环G81指令编程,轴向每次进刀2 mm,第一次进刀3 mm,如图2-3-10所示。

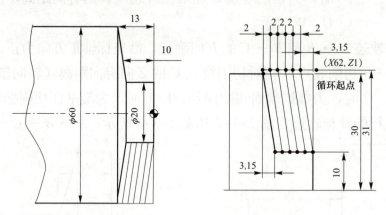

图2-3-10 例2-3-4零件及运动示意图

循环起点定在X62、Z1处,先用CAD绘图软件作出各循环起点位置并标注坐标值。

```
%0017;
N010 M03 S600;
N020 T0101;
```

```
N030 G00 X62 Z0;
N040 G01 X0 F60;
N050 G00 X62 Z1;
N060 G81 X10 Z0 K-3.15 F80;
N070 X10 Z-2 K-3.15;
N080 X10 Z-4 K-3.15;
N090 X10 Z-6 K-3.15;
N100 X10 Z-8 K-3.15;
N110 X10 Z-10 K-3.15;
N120 G00 X100 Z80;
N130 M05;
N140 M30;
```

四、任务实施

编制图 2-3-11 所示外圆锥面的加工程序，零件毛坯为 φ50 mm×95 mm 棒料，材料为尼龙棒，利用上海宇龙仿真软件进行仿真加工，之后操作数控车床，完成零件的实际加工。

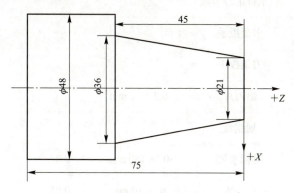

图 2-3-11　外圆锥面零件图

（一）加工工艺分析

1. 分析零件图

该阶梯轴零件由直径为 φ48 mm 的圆柱和锥度比为 1∶3 的圆锥组成，其表面粗糙度及尺寸公差没有特别要求，均为自由公差，零件右端面为其长度方向尺寸基准，零件总长为 75 mm。

2. 确定加工方案及加工工艺路线

加工方案：分析零件图形及尺寸，采用三爪自定心卡盘夹紧工件，以轴心线和右端面的交点为编程原点。该零件是由 $\phi50$ mm 的毛坯加工到最小尺寸为 $\phi21$ mm，切削量过大，不能一刀完成，所以可以利用 G80 指令进行循环分层加工；加工精度较低，所以不分粗、精加工；粗加工每刀单边加工量选 1 mm，加工结束后用切断刀保证总长。

加工工艺路线如下。

（1）夹持零件毛坯，伸出卡盘约 85 mm（观察 Z 轴限位距离），找正并夹紧。

（2）选择 1 号外圆车刀，加工工件轮廓至尺寸。

（3）切断零件，保证总长。

（二）实施设施准备

设备型号：凯达 CK6136S 数控车床。

毛坯：$\phi50$ mm×100 mm 尼龙棒。

选择工、量、刃具，清单见表 2-3-2。

表 2-3-2　工、量、刃具清单

种类	序号	名称	规格	精度 /mm	单位	数量
工具	1	三爪自定心卡盘			个	1
	2	卡盘扳手			副	1
	3	刀架扳手			副	1
	4	垫刀片	0.2～2 mm		块	若干
	5	划线盘			个	1
量具	1	游标卡尺	0～150 mm	0.02	把	1
	2	百分表	0～10 mm	0.01	只	1
刃具	1	外圆车刀	95°		把	1
	2	外切槽刀	3 mm		把	1

（三）编制加工工艺卡片

工艺卡片见表 2-3-3～表 2-3-5。

表 2-3-3 数控加工刀具卡

产品名称或代号			零件名称	锥度面阶梯轴	零件图号		
序号	刀具号	刀具名称	数量	加工表面	刀尖半径 R/mm	刀尖方位 T	备注
1	T0101	外圆粗车刀	1	粗车外轮廓	0.8	3	刀尖角80°，主偏角95°
2	T0202	外切槽刀	1	切断			刀宽3 mm，切深10 mm
编制		审核		批准	日期	共 页	第 页

表 2-3-4 数控加工工序卡

单位名称		产品名称或代号		零件名称		零件图号	
				锥度面阶梯轴			
工序号	程序编号		夹具名称		使用设备		车间
			三爪自定心卡盘		CK6136S 数控车床		数控实训基地
工步号	工步内容	刀具号	刀片规格 R/mm	主轴转速 n/（r·min^{-1}）	进给速度 V_f/（mm·min^{-1}）	切削深度 a_p/mm	备注
1	粗车外轮廓	T0101	0.8	600	150	1.5	
2	切断	T0202	3	400	40	1	
3	检测、校核						
编制		审核		批准	日期	共 页	第 页

表 2-3-5 数控加工程序单

程序名 O0001		
程序段号	程序内容	说明
	%0425;	程序头
N10	M03 S600;	主轴正转，600 r/min
N20	T0101;	选择1号刀具，选择1号刀补
N30	G00 X52 Z3;	快速定位，靠近工件毛坯
N40	G01 Z0 F60;	车削工件右端面至中心点
N50	X0;	
N60	G01 X48 F60;	进刀至工件 ϕ48 mm
N70	G01 Z-75 F120;	车削 ϕ48 台阶，长度75 mm

续表

程序名 O0001		
程序段号	程序内容	说明
N80	G00 X52 Z3;	退刀至锥面循环起点
N90	G80 X48 Z-45 I-8 F120;	第一次循环，直径量切深 3 mm
N100	X46 Z-45 I-8;	第二次循环，直径量切深 3 mm
N110	X44 Z-45 I-8;	第三次循环，直径量切深 3 mm
N120	X42 Z-45 I-8;	第四次循环，直径量切深 3 mm
N130	X40 Z-45 I-8;	第五次循环，直径量切深 3 mm
N140	X38 Z-45 I-8;	第六次循环，直径量切深 3 mm
N150	X36 Z-45 I-8;	第七次循环，直径量切深 3 mm
N160	G00 X100;	先径向快速退刀至 X100
N170	Z100;	再轴向快速退刀至 Z100
N180	M05;	主轴停止
N190	M30;	程序结束

（四）操作数控仿真软件，完成零件仿真加工

略。

（五）操作数控车床，完成零件实际加工

零件加工步骤如下。

（1）检查坯料尺寸。

（2）按顺序打开机床，并将机床回参考点。

（3）装夹刀具与工件。

外圆车刀按要求装于刀架 T01 号刀位，切槽刀按要求装于刀架 T02 号刀位，尼龙棒夹在三爪自定心卡盘上，伸出 70 mm，找正并夹紧。

（4）手动对刀，建立工件坐标系。

采用试切法对刀，依次完成外圆车刀、切槽刀的对刀。

（5）输入程序。

（6）锁住机床，校验程序。

（7）程序校验无误后，开始加工。

（8）加工完成后，按照图纸检查零件。

（9）检查无误后，关机，清扫机床。

五、任务总结评价

（一）自我评估

针对能力目标，对自己在任务实施过程中的表现给出分数（满分100分）并用 A（优秀）、B（良好）、C（合格）、D（不合格）给出评价等级。

知识与能力	
问题与建议	
自我打分：____分	评价等级：____级

（二）小组评价

小组同学对该同学在任务实施过程中的表现给出分数（单项 0～20 分），并按上述定义予以客观、合理评价。

独立工作能力	学习创新能力	小组发挥作用	任务完成	其他
____分	____分	____分	____分	____分
五项总计得分：____分			评价等级：____级	

（三）教师评价

指导教师根据学生在学习及任务实施过程中的工作态度、综合能力、任务完成情况予以评价。

_____

_____

_____

得分：____分，评价等级：____级

六、技能拓展

编制图 2-3-12 所示零件加工程序，零件毛坯为 ϕ55 mm×95 mm 棒料，材料为尼龙棒，利用上海宇龙仿真软件进行仿真加工，之后操作数控车床，完成零件的实际加工。

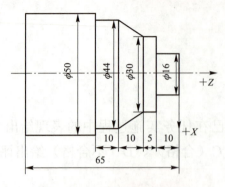

图 2-3-12 外圆锥面零件图

任务 2-4　圆弧面零件加工

一、任务要求

圆弧面零件图和三维实体图如图 2-4-1 所示。

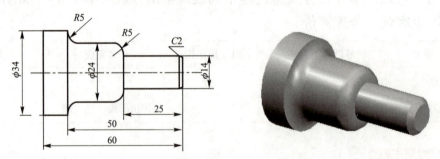

图 2-4-1　圆弧面零件图和三维实体图

要求：

（1）掌握圆弧进给 G02/G03 指令及应用。

（2）掌握圆弧倒角 G02/G03 指令及应用。

二、学习目标

（1）能对圆弧面零件进行工艺分析。

（2）能够使用圆弧进给指令 G02/G03 编程。

（3）能够通过仿真软件校验程序。

（4）能操作数控车床加工出圆弧面零件。

三、知识准备

（一）圆弧进给（圆弧插补指令）G02、G03

格式：$\begin{Bmatrix} G02 \\ G03 \end{Bmatrix}$ X（U）____ Z（W）____ $\begin{Bmatrix} I \cdots K \cdots \\ R \end{Bmatrix}$ F

其中：G02——顺时针圆弧插补（图2-4-2）。

G03——逆时针圆弧插补（图2-4-2）。

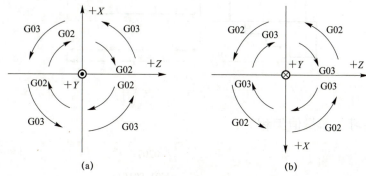

图 2-4-2　G02/G03 插补方向

（a）X轴正向观察；（b）Y轴负向观察

说明：

圆弧插补 G02/G03 的判断是在加工平面内，根据其插补时的旋转方向为顺时针/逆时针来区分。

顺时针或逆时针是观察者从垂直圆弧所在平面坐标轴（图2-4-2中Y轴）的正方向看到的回转方向。

X、Z——绝对编程时，圆弧终点在工件坐标系中的坐标。

U、W——增量编程时，圆弧终点坐标相对圆弧起点坐标的位移量。

F——被编程的两个轴的合成进给速度。

R——圆弧半径。

I、K——圆心坐标相对于圆弧起点坐标的增加量（图2-4-3），I、K 为圆心坐标值减去圆弧起点坐标值，包括正、负号。

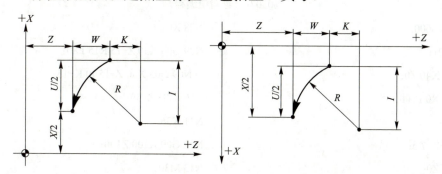

图 2-4-3　增量（相对）编程 G02/G03 参数说明

在绝对、增量（相对）编程时都是以增量方式指定，在直径、半径编程时 I 都是半径值；同时编入 R 与 I、K 时，R 有效。

【例 2-4-1】 如图 2-4-4 所示，用圆弧插补指令编程，毛坯 φ35 mm×90 mm。

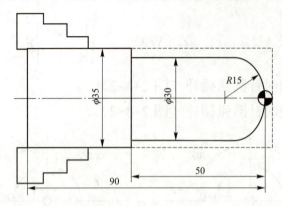

图 2-4-4　例 2-4-1 零件图

（1）编程练习（增量值编程）：

%0107；	%0207；
N01 M03 S600；	N01 T0101；
N02 T0101；	N02 M03 S600；
N03 G00 X40 Z0；	N03 G90 G00 X40 Z0；
N04 G01 U-40 F100；	N04 G91 G01 X-40 F100；
N05 U15；	N05 X15；
N06 W-7.5 U15；	N06 Z-7.5 X15；
N07 W7.5；	N07 Z7.5；
N08 U-30；	N08 X-30；
N09 G03 U30 W-15 R15； （N09 G03 U30 W-15 I0 K-15；）	N09 G03 X30 Z-15 R15； （N09 G03 X30 Z-15 I0 K-15；）
N10 G01 W-35；	N10 G01 Z-35；
N11 U6；	N11 X6；
N12 G00 X100 Z100；	N12 G90 G00 X100 Z100；
N13 M30；	N13 M30；
%0307；（绝对值编程）	
N01 M03 S600；	N08 X0；
N02 T0101；	N09 G03 X30 Z-15 R15 F80；
N03 G00 X40 Z0；	（N09 G03 X30 Z-15 I0 K-15；）
N04 G01 X0 F100；	N10 G01 Z-50；
N05 X15；	N11 X36；
N06 X30 Z-7.5；	N12 G00 X100 Z100；
N07 G00 Z0；	N13 M30；

（2）按实际加工编程。如图 2-4-5 所示，毛坯直径 ϕ35 mm，分粗、精两次切削，留精车余量 1 mm。

①外圆粗车由 ϕ35 切至 31 mm，切深 2 mm（半径量），可一刀切除。

② R15 mm 圆弧粗车至 R15.5 mm，圆弧部分切除量较大，如图 2-4-5 所示分 4 次切削，前 3 次每次切深 4 mm，切除圆弧的半径分别为 R4、R8、R12；第 4 次切深 3.5 mm，圆弧半径为 R15.5 mm。

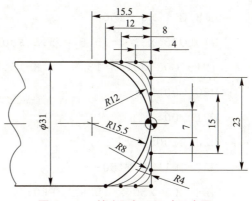

图 2-4-5　按实际加工运动示意图

③精车直径余量 1 mm，切削深度为 0.5 mm，沿工件轮廓精车一次切除。

编程如下：

```
%0307;
N01 M03 S600;
N02 T0101;
N03 G00 X40 Z0;
N04 G01 X0 F50;
N05 X31;
N06 Z-50 F100;
N07 G00 X36;
N08 Z0;
N09 G01 X23 F150;
N10 G03 X31 Z-4 R4 F80;              （半径编程）
(N10 G03 X31 W-4 I0 K-4 F80;)        （圆心编程）
N11 G00 Z0;
N12 G01 X15 F150;
N13 G03 X31 W-8 R8 F80;              （半径编程）
(N13 G03 X31 Z-8 I0 K-8 F80;)        （圆心编程）
N14 G00 Z0;
N15 G01 X7 F150;
N16 G03 X31 W-12 R12 F80;            （半径编程）
(N16 G03 X31 W-12 I0 K-12 F80;)      （圆心编程）
N17 G00 Z0;
```

```
N18 G01 X0 F150;
N19 G03 X31 Z-15.5 R15.5 F80;           (半径编程)
(N19 G03 X31 Z-15.5 I0 K-15.5 F80;)     (圆心编程)
N20 G00 Z0;
N21 M00;                                (程序暂停，测量工件)
N22 S1000;                              (主轴转)
N23 G01 X0 F150;
N24 G03 X30 Z-15 R15 F60;               (半径编程)
(N24 G03 X30 Z-15 I0 K-15 F60;)         (圆心编程)
N25 G01 Z-50;
N26 X36;
N27 G00 X100;
N28 Z100;
N29 M05;
N30 M30;
```

（二）圆弧倒角指令 G02/G03 的应用

圆弧倒角指令 G02/G03 见表 2-4-1。

表 2-4-1 圆弧倒角指令 G02/G03

指令	G02/G03
功能	该指令用于圆弧后倒圆角（如图 2-4-6 所示）
图示	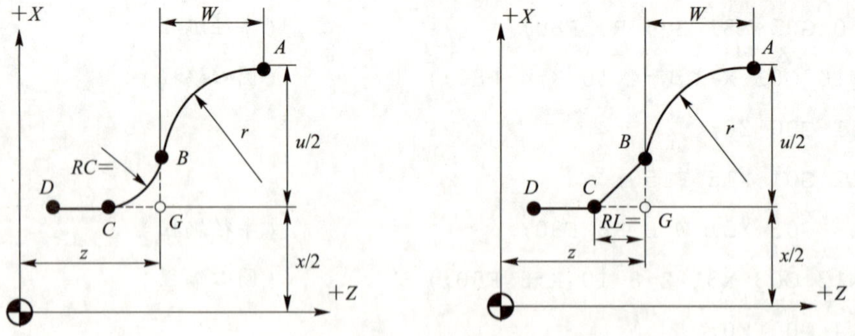 图 2-4-6 后置刀架
格式	$\begin{Bmatrix} G02 \\ G03 \end{Bmatrix}$ X(U)_Z(W)_R_$\begin{Bmatrix} RL= \\ RC= \end{Bmatrix}$ F_
参数	含义
G02	顺时针圆弧插补

续表

指令	G02/G03
G03	逆时针圆弧插补
X、Z	绝对值编程时，为未倒角前圆弧终点 G 的坐标值
U、W	增量值编程时，为 G 点相对于圆弧始点 A 点的移动距离
R	圆弧半径
RL	倒角终点 C 相对于未倒角前圆弧终点 G 的距离
RC	倒角圆弧的半径值
F	被编程的两个轴的合成进给速度
说明	①在螺纹切削程序段中不得出现倒角控制指令； ②当 X 轴、Z 轴指定的移动量比指定的 RL 或 RC 小时，系统将报警，即 GA 长度必须大于 GB 长度

四、任务实施

编制图 2-4-7 所示外圆锥面的加工程序，零件毛坯为 φ40 mm×80 mm 棒料，材料为尼龙棒，利用上海宇龙仿真软件进行仿真加工，之后操作数控车床，完成零件的实际加工。

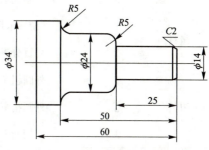

图 2-4-7 圆弧面零件图

（一）加工工艺分析

1. 分析零件图

该阶梯轴零件由三段直径分别为 φ34 mm、φ24 mm、φ14 mm 的圆柱，顺圆弧 R5，逆圆弧 R5 以及倒角 C2 组成；其表面粗糙度及尺寸公差没有特别要求，均为自由公差；零件总长为 60 mm。

2. 确定加工方案及加工工艺路线

加工方案：分析零件图形及尺寸，采用三爪自定心卡盘夹紧工件，以轴心线和右端面的交点为编程原点，运用直线插补和圆弧插补指令完成此带圆弧阶梯轴零件的加工；但由于该零件是由 φ36 mm 的毛坯加工到最小尺寸为 φ14 mm 的圆柱，切削量过大，不能一刀完成，所以需要分层加工；粗加工每刀单边加工量选 1.5 mm，单边留 0.25 mm 的精加工余量，精加工结束后用切断刀保证总长。

加工工艺路线如下。

（1）夹持零件毛坯，伸出卡盘约 80 mm，找正并夹紧，粗、精加工零件外轮廓。

（2）选择 1 号外圆车刀，加工工件轮廓，留 0.25 mm 精车余量。

（3）选择 2 号外圆车刀，加工工件轮廓至尺寸。

(4）选择3号切断刀，切断零件，保证总长。

（二）实施设施准备

设备型号：凯达 CK6136S 数控车床。

毛坯：ϕ50 mm×100 mm 尼龙棒。

选择工、量、刃具，清单见表 2-4-2。

表 2-4-2　工、量、刃具清单

种类	序号	名称	规格	精度 /mm	单位	数量
工具	1	三爪自定心卡盘			个	1
	2	卡盘扳手			副	1
	3	刀架扳手			副	1
工具	4	垫刀片	0.2～2 mm		块	若干
	5	划线盘			个	1
量具	1	游标卡尺	0～150 mm	0.02	把	1
	2	百分表	0～10 mm	0.01	只	1
刃具	1	外圆粗车刀	95°		把	1
	2	外圆精车刀	93°		把	1
	3	切断刀	3 mm		把	1

（三）编制加工工艺卡片

工艺卡片见表 2-4-3～表 2-4-5。

表 2-4-3　零件加工刀具卡

产品名称或代号				零件名称	带圆弧阶梯轴	零件图号		
序号	刀具号	刀具名称	数量	加工表面	刀尖半径 R/mm	刀尖方位 T	备注	
1	T0101	外圆粗车刀	1	粗车外轮廓	0.8	3	刀尖角80°，主偏角95°	
2	T0202	外圆精车刀	1	精车外轮廓	0.4	3	刀尖角35°，主偏角93°	
3	T0303	切断刀	1	切断			刀宽 3 mm，切深 10 mm	
编制		审核		批准		日期	共　页	第　页

表 2-4-4　零件加工工序卡

单位名称		产品名称或代号	零件名称	零件图号
			带圆弧阶梯轴	
工序号	程序编号	夹具名称	使用设备	车间
		三爪自定心卡盘	CK6136S 数控车床	数控实训基地
工步号	工步内容	刀具号	刀片规格 R/mm	主轴转速 n/(r·min^{-1})	进给速度 V_f/(mm·min^{-1})	切削深度 a_p/mm	备注
1	粗车外轮廓	T0101	0.8	600	100	1.5	
2	精车外轮廓	T0202	4	1000	80	0.5	
3	切断零件	T0303	3	400	40	1	
4	检测、校核						
编制		审核	批准	日期		共　页	第　页

表 2-4-5　零件加工程序单

程序名 O0002		
程序段号	程序内容	说明
	%0426；	程序头
N10	M03 S700；	主轴正转，600 r/min
N20	T0101；	选择 1 号刀具，选择 1 号刀补
N30	G00 X38 Z0；	快速定位，靠近工件毛坯
N40	G01 X0 F100；	车端面，进给速度为 100 mm/min
N50	X34.5；	退回到粗加工的最大直径处，准备车 ϕ34.5 外圆
N60	Z-60；	车 ϕ34.5 的外圆
N70	G00 X38 Z2；	快速退回到定位点
N80	X29.5；	准备车 ϕ29.5 外圆
N90	G01 Z-45；	车 ϕ29.5 外圆
N100	G02 X34.5 Z-47.5 R2.5；	加工一段 R2.5 圆弧
N110	G00 Z2；	快速退刀
N120	X24.5；	准备车 ϕ24.5 外圆
N130	G01 Z-45；	车 ϕ24.5 外圆
N140	G02 X34.5 Z-50 R5；	加工一段 R5 圆弧
N150	G00 Z2；	快速退刀

续表

程序名 O0002		
程序段号	程序内容	说明
N160	X19.5;	准备车 φ19.5 外圆
N170	G01 Z-25;	车 φ19.5 外圆
N180	G03 X24.5 Z-27.5 R2.5;	加工一段 R2.5 圆弧
N190	G00 X26 Z2;	快速退刀
N200	X14.5;	准备车 φ14.5 外圆
N210	G01 Z-25;	车 φ14.5 外圆
N220	G03 X24.5 Z-30 R5;	加工一段 R5 圆弧
N230	G00 X100;	径向快速退刀至 X100
N240	Z100;	轴向快速退刀至 Z100
N250	T0202;	换 2 号外圆精车刀，选择 2 号刀补
N260	S1000;	主轴转速 1 000 r/min
N270	G00 X38 Z2;	快速至定位点
N280	X6;	定位至倒角延长线
N290	G01 X14 Z-2 F80;	倒角
N300	Z-25;	精加工 φ14 外圆
N310	G03 X24 Z-30 R5;	精加工 R5 圆弧
N320	G01 Z-45;	精加工 φ24 外圆
N330	G02 X34 Z-50 R5;	精加工 R5 圆弧
N340	G01 Z-60;	精加工 φ34 外圆
N350	G00 X100;	径向快速退刀至 X100
N360	Z100;	轴向快速退刀至 Z100
N370	T0303;	换 3 号切断刀，选择 3 号刀补
N380	S400;	主轴转速 400 r/min
N390	G00 X38;	切断刀径向定位
N400	Z-65;	切断刀轴向定位
N410	G01 X-1 F40;	切断，进给速度为 40 mm/min
N420	G00 X100;	径向快速退刀至 X100
N430	Z100;	轴向快速退刀至 Z100
N440	M05;	主轴停止
N450	M30;	程序结束

（四）操作数控仿真软件，完成零件仿真加工

略。

（五）操作数控车床，完成零件实际加工

零件加工步骤如下。

（1）检查坯料尺寸。

（2）按顺序打开机床，并将机床回参考点。

（3）装夹刀具与工件。

1号外圆粗车刀按要求装于刀架T01号刀位，2号外圆精车刀按要求装于刀架T02号刀位，3号切断刀按要求装于刀架T03号刀位，尼龙棒夹在三爪自定心卡盘上，伸出80 mm，找正并夹紧。

（4）手动对刀，建立工件坐标系。

采用试切法对刀，依次完成外圆粗车刀、外圆精车刀、切断刀对刀。

（5）输入程序。

（6）锁住机床，校验程序。

（7）程序校验无误后，开始加工。

（8）加工完成后，按照图纸检查零件。

（9）检查无误后，关机，清扫机床。

五、任务总结评价

（一）自我评估

针对能力目标，对自己在任务实施过程中的表现给出分数（满分100分）并用A（优秀）、B（良好）、C（合格）、D（不合格）给出评价等级。

知识与能力	
问题与建议	
自我打分：____分	评价等级：____级

（二）小组评价

小组同学对该同学在任务实施过程中的表现给出分数（单项0～20分），并按上述定义予以客观、合理评价。

独立工作能力	学习创新能力	小组发挥作用	任务完成	其他
___分	___分	___分	___分	___分
五项总计得分：___分			评价等级：___级	

（三）教师评价

指导教师根据学生在学习及任务实施过程中的工作态度、综合能力、任务完成情况予以评价。

_____

_____

_____

得分：___分，评价等级：___级

六、技能拓展

编制图2-4-8所示零件的加工程序，零件毛坯为 $\phi 85\ mm \times 150\ mm$ 棒料，材料为尼龙棒，利用上海宇龙仿真软件进行仿真加工，操作数控车床完成零件的实际加工。

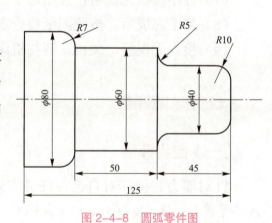

图2-4-8　圆弧零件图

任务2-5　多阶梯轴零件加工

一、任务要求

多阶梯轴零件图和三维实体图，如图2-5-1所示。

要求：

（1）掌握内（外）径粗车复合循环 G71 指令及应用。

（2）掌握闭环车削复合循环 G73 指令及应用。

（3）会进行编程尺寸的计算。

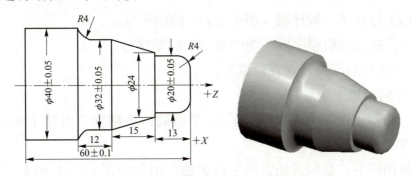

图 2-5-1　多阶梯轴零件图和三维实体图

二、学习目标

（1）能够使用 G71、G73 编制程序。

（2）能够通过仿真软件校验程序。

（3）能操作数控车床加工出多阶梯轴零件。

三、知识准备

（一）内（外）径粗车复合循环 G71 指令

（1）无凹槽加工时指令格式：

G71 U（Δd） R（r） P（ns） Q（nf） X（Δx） Z（Δz） F（f） S（s） T（t）

该指令执行如图 2-5-2 所示的粗加工和精加工，循环起点在 A 点；粗加工循环时每次进刀量（切削深度）为 Δd，退刀量为 r；精加工路径为 A → A′ → B′ → B。

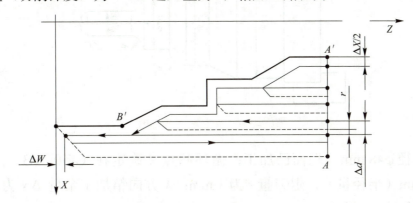

图 2-5-2　内、外径粗车复合循环

指令格式中：

△d：切削深度（每次切削量，△d为半径值），指定时不加符号，方向由矢量AA′决定。

r：每次退刀量（半径值）。

ns：精加工路径第一程序段（图中AA′）的顺序号。

nf：精加工路径最后程序段（图中B′B）的顺序号。

△x：X方向精加工余量（直径量）。

△z：Z方向精加工余量。

f、s、t：粗加工时G71中编程F、S、T有效，而精加工时处于ns到nf程序段之间F、S、T有效。

G71切削循环下，切削进给方向平行Z轴，指令中X（△x）和Z（△z）的符号如图2-5-3所示，其中（+）表示沿轴正方向移动，（-）表示沿轴负方向移动。

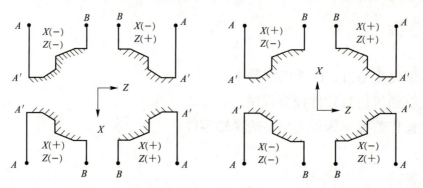

图2-5-3　G71复合循环下X（△x）和Z（△z）的符号

【例2-5-1】　用G71外圆粗车复合循环指令编程。分析（图2-5-4）：

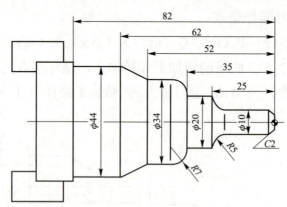

图2-5-4　例2-5-1零件图

毛坯直径φ48 mm，端面已加工；循环起点A确定在（X50，Z3）；切削深度△d为1.5 mm（半径量），退刀量r为1 mm；X方向精加工余量△x为0.4 mm，Z方向精加工余量△z为0.1 mm。

编程如下：

```
%0019;
N01 T0101;                              （选择1号刀具）
N02 G00 X80 Z80;                        （移动到程序起点位置）
N03 M03 S400;                           （主轴以400 r/min 正转）
N04 G00 X50 Z3;                         （刀具到循环起点位置）
N05 G71 U1.5 R1 P6 Q14 X0.4 Z0.1 F100;  （G71循环）
N06 G00 X0;                             （精加工轮廓起始行，到倒角延长线）
N07 G01 X10 Z-2 F80;                    （精加工倒角）
N08 Z-20;                               （精加工φ10外圆）
N09 G02 U10 W-5 R5;                     （精加工R5圆弧）
N10 G01 W-10;                           （精加工φ20外圆）
N11 G03 U14 W-7 R7;                     （精加工R7圆弧）
N12 G01 Z-52;                           （精加工φ34外圆）
N13 U10 W-10;                           （精加工外圆锥）
N14 W-20;                               （精加工φ44外圆，精加工轮廓结束）
N15 X50;                                （退出已加工面）
N16 G00 X80 Z80;                        （回对刀点）
N17 M05;                                （主轴停）
N18 M30;                                （主程序结束并复位）
```

（2）有凹槽加工时指令格式

G71 U（Δd） R（r） P（ns） Q（nf） E（e） F（f） S（s） T（t）；

该指令执行图 2-5-5 所示的粗加工和精加工，其中精加工路径为 $A \to A' \to B' \to B$ 指令格式中：

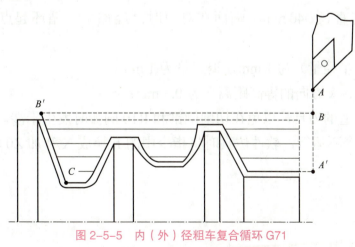

图 2-5-5　内（外）径粗车复合循环 G71

Δd：切削深度（每次切削量），指定时不加符号，方向由矢量 AA' 决定；

r：每次退刀量；

ns：精加工路径第一程序段（图中 AA'）的顺序号；

nf：精加工路径最后程序段（图中 CB'）的顺序号；

e：精加工余量，其为 X 方向的等高距离；外径切削为正，内径切削为负；

f、s、t：粗加工时 G71 中编程 F、S、T 有效，而精加工时处于 ns 到 nf 程序段之间 F、S、T 有效。

注意：

① G71 指令必须带有 P、Q 地址 ns、nf，且与精加工路径起、止顺序号对应，否则不能进行该循环加工。

② ns 的程序段必须是 G00 或 G01 指令，即从 A 到 A′ 的动作必须是直线或点定位运动。

③ 在顺序号为 ns 到顺序号为 nf 的程序段中，不应包含子程序。

④ G71 指令后的进给速度 F 不能省略，ns 和 nf 间的程序段号可以省略。

【例 2-5-2】 用有凹槽的 G71 外圆粗车复合循环编程（图 2-5-6）。

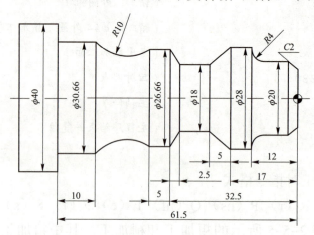

图 2-5-6 例 2-5-2 零件图

分析：毛坯直径 $\phi 40\,mm$，端面在对刀时已经加工，循环起点确定在（X42，Z3）；

切削深度（半径量）为 1 mm，退刀量为 1 mm；

精加工余量：X 方向的等高距离 e 为 0.3 mm；

注意选择合适的刀具，以免在切削倒锥和 R10 圆弧时发生干涉。

（若 G71 指令不运行，软件仿真时将指令中的 E 换成 X 和加 Z0）

编程如下：

```
%0021;
N01 T0101;                          （换1号刀）
N02 G00 X80 Z100;                   （到程序起点位置或换刀点位置）
N03 M03 S400;                       （主轴以400 r/min 正转）
N04 G00 X42 Z3;                     （到循环起点位置）
N05 G71 U1 R1 P9 Q19 E0.3 F100;     （凹槽的G71循环）
N06 G00 X80 Z100;                   （粗加工后，到换刀点位置）
N07 T0202;                          （换2号刀）
N08 G00 G42 X42 Z3;                 （2号刀加入刀尖圆弧半径补偿）
N09 G00 X10;                        （精加工轮廓开始，到倒角延长线）
N10 G01 X20 Z-2 F80;                （精加工C2倒角）
N11 Z-8;                            （精加工φ20外圆）
N12 G02 X28 Z-12 R4;                （精加工R4圆弧）
N13 G01 Z-17;                       （精加工φ28外圆）
N14 U-10 W-5;                       （精加工下切圆锥）
N15 W-8;                            （精加工φ18外圆）
N16 U8.66 W-2.5;                    （精加工上切圆锥）
N17 Z-37.5;                         （精加工φ26.66外圆）
N18 G02 X30.66 W-14 R10;            （精加工R10圆弧）
N19 G01 W-10;                       （精加工φ30.66外圆）
N20 X42;                            （退出已加工面，精加工轮廓结束）
N21 G00 G40 X80 Z100;               （取消半径补偿，返回换刀点位置）
N22 M30;                            （主轴停、主程序结束并复位）
```

（二）闭环车削复合循环 G73

格式：G73 U（ΔI） W（ΔK） R（r） P（ns） Q（nf） X（Δx） Z（Δz） F（f） S（s） T（t）；

说明：该功能在切削工件时刀具的轨迹如图2-5-7所示为一封闭回路，刀具逐渐进给，使封闭切削回路向零件最终形状靠近，最终切削成工件的形状，其精加工路径为 A → A′ → B′ → B。

该指令能对铸件、锻件及粗加工中已初步成形的工件进行高效率切削。

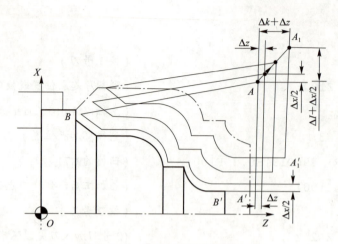

图 2-5-7 闭环车削复合循环 G73

指令格式中：

△I：X 轴方向的粗加工总余量（半径量）。

△K：Z 轴方向的粗加工总余量。

r：粗切削次数。

ns：精加工路径第一程序段（图 2-5-7 中 AA′）的顺序号。

nf：精加工路径最后程序段（图 2-5-7 中 BB′）的顺序号。

△x：X 方向精加工余量（直径量）。

z：Z 方向精加工余量。

f、s、t：粗加工时 G73 中编程 F、S、T 有效，而精加工时处于 ns 到 nf 程序段之间 F、S、T 有效。

注意：△I 和 △K 表示粗加工时总的切削量，粗加工次数为 r，则每次 X、Z 方向的切削量为 △I/r 和 △K/r。

按 G73 程序段的 P 和 Q 指令值实现循环加工，要注意 △x、△z 和 △I、△K 的正负号。

【例 2-5-3】 编制图 2-5-8 所示零件的加工程序，其中虚线部分为工件毛坯。设切削起点在 A（60，5）处。

X、Z 方向粗加工余量分别为 3 mm、0.9 mm，粗加工次数为 3 次。

X、Z 方向精加工余量分别为 0.6 mm、0.1 mm。

编程如下：

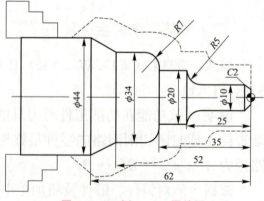

图 2-5-8 例 2-5-3 零件图

```
%0022;
N01 T0101;                          （换1号刀）
N02 M03 S400;                       （主轴正转,400 r/min)
N03 G00 X80 Z80;                    （到程序起点位置）
N04 G00 X60 Z5;                     （到循环起点位置）
N05 G73 U3 W0.9 R3 P6 Q14 X0.6 Z0.1 F120;(G73闭环粗车循环）
N06 G00 X0 Z3;                      （精加工轮廓开始,到倒角延长线处）
N07 G01 U10 Z-2 F80;                （精加工倒角）
N08 Z-20;                           （精加工φ10外圆）
N09 G02 U10 W-5 R5;                 （精加工R5圆弧）
N10 G01 Z-35;                       （精加工φ20外圆）
N11 G03 U14 W-7 R7;                 （精加工R7圆弧）
N12 G01 Z-52;                       （精加工φ34外圆）
N13 U10 W-10;                       （精加工锥面）
N14 U10;                            （退出已加工表面,精加工轮廓结束）
N15 G00 X80 Z80;                    （返回程序起点位置）
N16 M05 M30;                        （主轴停、主程序结束并复位）
```

四、任务实施

编制图2-5-9所示零件的加工程序，零件毛坯为φ45 mm×90 mm棒料，材料为尼龙棒，利用上海宇龙仿真软件进行仿真加工，之后操作数控车床，完成零件的实际加工。

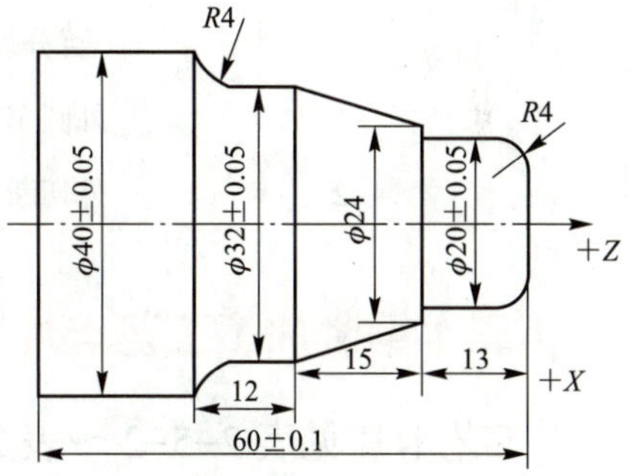

图2-5-9 多阶梯轴零件图

（一）加工工艺分析

1. 分析零件图

该阶梯轴零件由三段直径分别为φ40 mm、φ32 mm、φ20 mm的圆柱，以及锥度比为8∶15的圆锥、顺圆弧R4、逆圆弧R4组成。零件表面有尺寸公差要求，台阶直径公差为±0.05 mm，长度公差为±0.1 mm，所以按照先粗后精的加工原则进行零件车削。零件右端面为其长度方向尺寸基准，零件总长为60 mm。

2. 确定加工方案及加工工艺路线

加工方案：分析零件图形及尺寸，采用三爪自定心卡盘夹紧工件，以轴心线和右端面的交点为编程原点。该零件采用G71内（外）径粗车复合循环指令进行循环

项目二 轴类零件加工

分层加工；粗加工每刀单边加工量选 1.5 mm，加工结束后用切断刀保证总长。

加工工艺路线如下。

（1）夹持零件毛坯，伸出卡盘约 70 mm（观察 Z 轴限位距离），找正并夹紧。

（2）选择 1 号外圆车刀，加工工件轮廓至尺寸。

（3）选择 2 号外切断刀，切断零件，保证总长。

（二）实施设施准备

设备型号：凯达 CK6136S 数控车床。

毛坯：ϕ45 mm×80 mm 尼龙棒。

选择工、量、刃具，清单见表 2-5-1。

表 2-5-1　工、量、刃具清单

种类	序号	名称	规格	精度/mm	单位	数量
工具	1	三爪自定心卡盘			个	1
	2	卡盘扳手			副	1
	3	刀架扳手			副	1
	4	垫刀片	0.2～2 mm		块	若干
	5	划线盘			个	1
量具	1	游标卡尺	0～150 mm	0.02	把	1
	2	百分表	0～10 mm	0.01	只	1
刃具	1	外圆车刀	95°		把	1
	2	外切断刀	3 mm		把	1

（三）编制加工工艺卡片

工艺卡片见表 2-5-2～表 2-5-4。

表 2-5-2　零件加工刀具卡

产品名称或代号		零件名称	多阶梯轴	零件图号		
序号	刀具号	刀具名称	数量	加工表面	刀尖半径 R/mm	刀尖方位 T	备注
1	T0101	外圆车刀	1	粗、精车外轮廓	0.8	3	刀尖角 80°，主偏角 95°
2	T0202	外切断刀	1				刀宽 3 mm
编制		审核		批准		日期	共 页　第 页

表 2-5-3　零件加工工序卡

单位名称		产品名称或代号	零件名称	零件图号
			多阶梯轴	
工序号	程序编号	夹具名称	使用设备	车间
		三爪自定心卡盘	CK6136S 数控车床	数控实训基地
工步号	工步内容	刀具号	刀片规格 R/mm	主轴转速 n/(r·min^{-1})	进给速度 V_f/(mm·min^{-1})	切削深度 a_p/mm	备注
1	粗、精车外轮廓	T0101	0.8	600	150	1.5	
2	切断零件	T0202	3	400	40	1	
3	检测、校核						
编制		审核	批准	日期		共 页	第 页

表 2-5-4　零件加工程序单

程序名　O0001		
程序段号	程序内容	说明
	%0425；	程序头
N10	M03 S600；	主轴正转，600 r/min
N20	T0101；	选择 1 号刀具，选择 1 号刀补
N30	G00 X47 Z2；	快速定位，靠近工件毛坯
N40	G71 U1.5 R1 P50 Q140 X0.5 Z0.3 F150；	G71 循环
N50	G01 X0 F60；	精加工轮廓起始行至工件原点
N60	Z0；	
N70	X12；	精加工至圆弧 R4 起点
N80	G03 X20 Z-4 R4；	精加工 R4 圆弧
N90	G01 Z-13；	精加工 ϕ20 外圆
N100	X24；	精加工至锥面起点 ϕ24
N110	X32 W-15；	精加工圆锥面
N120	W-8；	精加工 ϕ32 外圆
N130	G02 X40 W-4 R4；	精加工 R4 圆弧
N140	G01 Z-60；	精加工 ϕ40 外圆，至轮廓结束

续表

程序名 O0001		
程序段号	程序内容	说明
N150	X50;	退出已加工表面
N160	G00 X100;	先径向快速退刀至X100
N170	Z100;	再轴向快速退刀至Z100
N180	T0202;	换2号切断刀，选择2号刀补
N190	S400;	主轴转速，400 r/min
N200	G00 X46;	
N210	Z-63;	快速点位至切断处Z-63 mm
N220	G01 X-1 F40;	切断零件
N230	G00 X100;	先径向快速退刀至X100
N240	Z100;	再轴向快速退刀至Z100
N250	M05;	主轴停止
N260	M30;	程序结束

（四）操作数控仿真软件，完成零件仿真加工

略。

（五）操作数控车床，完成零件实际加工

零件加工步骤如下。

（1）检查坯料尺寸。

（2）按顺序打开机床，并将机床回参考点。

（3）装夹刀具与工件。

外圆车刀按要求装于刀架T01号刀位，外切槽（断）刀按要求装于刀架T02号刀位，尼龙棒夹在三爪自定心卡盘上，伸出70 mm，找正并夹紧。

（4）手动对刀，建立工件坐标系。

采用试切法对刀，依次完成外圆车刀、外切槽刀的对刀。

（5）输入程序。

（6）锁住机床，校验程序。

（7）程序校验无误后，开始加工。

（8）加工完成后，按照图纸检查零件。

（9）检查无误后，关机，清扫机床。

五、任务总结评价

（一）自我评估

针对能力目标，对自己在任务实施过程中的表现给出分数（满分 100 分）并用 A（优秀）、B（良好）、C（合格）、D（不合格）给出评价等级。

知识与能力	
问题与建议	
自我打分：___分	评价等级：___级

（二）小组评价

小组同学对该同学在任务实施过程中的表现给出分数（单项 0～20 分），并按上述定义予以客观、合理评价。

独立工作能力	学习创新能力	小组发挥作用	任务完成	其他
___分	___分	___分	___分	___分
五项总计得分：___分			评价等级：___级	

（三）教师评价

指导教师根据学生在学习及任务实施过程中的工作态度、综合能力、任务完成情况予以评价。

_____

_____

_____得分：___分，评价等级：___级

六、技能拓展

编制图 2-5-10 所示多梯轴零件的粗、精加工程序，零件毛坯为 $\phi 85$ mm×95 mm 棒料，材料为尼龙棒，利用上海宇龙仿真软件进行仿真加工，操作数控车床完成零件的实际加工。

项目二　轴类零件加工

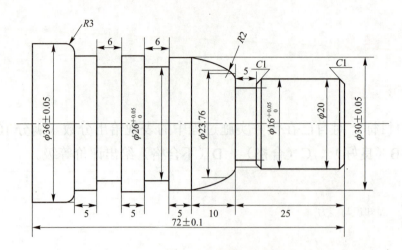

图 2-5-10　多阶梯轴零件图

任务 2-6　螺纹零件加工

一、任务要求

多螺纹零件图和三维实体图如图 2-6-1 所示，要求：

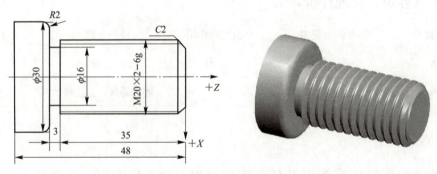

图 2-6-1　外螺纹零件图和三维实体图

（1）掌握螺纹切削 G32 指令及应用。
（2）掌握螺纹切削循环 G82 指令及应用。
（3）掌握螺纹切削复合循环 G76 指令及应用。
（4）会计算圆柱螺纹和圆锥螺纹尺寸。

二、学习目标

（1）能够制定圆柱螺纹和圆锥螺纹加工工艺。
（2）能够使用 G32、G82、G76 编制程序。

（3）掌握外螺纹车刀安装、对刀及校验方法。

（4）能够通过仿真软件校验程序。

（5）能操作数控车床加工出圆柱螺纹和圆锥螺纹。

三、知识准备

（一）螺纹切削 G32 指令

格式：G32 X（U）____ Z（W）____ R____ E____ C____ P____ F____;

说明：X、Z——绝对编程时，有效螺纹终点工件坐标系中的坐标。

U、W——增量编程时，有效螺纹终点相对于螺纹起点的位移量。

R、E——螺纹切削的退尾量，R 表示 Z 向退尾，E 表示 X 向退尾。

R、E（不论绝对或相对编程）以增量方式指定，R 一般取 0.75～1.75 倍螺距，E 取螺纹的牙型高，使用 R、E 可免去退刀槽；R、E 为正（负）时表示沿 X、Z 轴正（负）向回退，R、E 可省略。

C——螺纹头数，省略 C 或 C 为 0、1 时，切削单头螺纹。

P——主轴基准脉冲处距离螺纹切削起始点的主轴转角。

F——螺纹导程（主轴转一转，刀具相对工件的进给量）。

G32 指令可以加工公制、英制的等螺距直螺纹、锥螺纹及内、外螺纹等，如图 2-6-2 和图 2-6-3 所示。

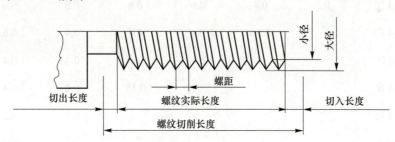

图 2-6-2　螺纹切削参数

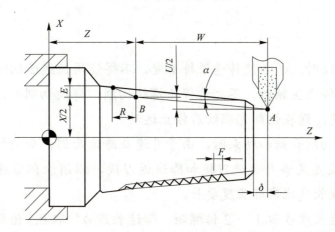

图 2-6-3　锥螺纹切削参数

螺纹车削为成形加工,切削进给量大,且螺纹刀具强度较差,一般要分数次进给加工,要合理分配每次切削的进刀量,第一次进刀应大些,以后依次减少。

螺纹车削次数和每次进刀量可计算或查表得到。

1. 螺纹小径计算

螺纹小径计算如图2-6-4所示。

$$d_1 = d - 1.0825P$$

式中,d_1——螺纹小径;d——螺纹大径;P——螺距。

除计算小径 d_1 外,还需要计算 d_2,d_3…。

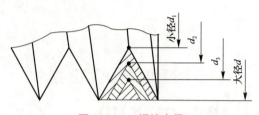

图2-6-4 螺纹小径

d_2,d_3…分别为每次进刀时,刀尖(刀位点)在 X 方向的坐标位置。

2. 常用螺纹切削的进给次数与背吃刀量

常用螺纹切削的进给次数与背吃刀量见表2-6-1。

表2-6-1 常用螺纹切削的进给次数与背吃刀量 (单位:mm)

		米制螺纹						
螺 距		1.0	1.5	2	2.5	3	3.5	4
牙深(半径量)		0.649	0.974	1.299	1.624	1.949	2.273	2.598
切削次数及背吃刀量(直径量)	1次	0.7	0.8	0.9	1.0	1.2	1.5	1.5
	2次	0.4	0.6	0.6	0.7	0.7	0.7	0.8
	3次	0.2	0.4	0.6	0.6	0.6	0.6	0.6
	4次		0.16	0.4	0.4	0.4	0.6	0.6
	5次			0.1	0.4	0.4	0.4	0.4
	6次				0.15	0.4	0.4	0.4
	7次					0.2	0.2	0.4
	8次						0.15	0.3
	9次							0.2

注意:

(1)加工螺纹时,必须使转速保持不变,不得使用恒线速切削。

(2)在没有停止主轴时,不允许停止螺纹切削,螺纹切削时,进给保持无效,若按下进给保持键,则在切削完螺纹后停止运动。

(3)在螺纹切削开始和结束时,由于升速及降速原因,会使切入、切出部分的导程不正常,应设置足够升速进刀段和降速退刀段,以消除伺服滞后造成的螺距误差,故指令的螺纹长度比实际长度要长。

按经验,升速长度 δ 取 1~2 倍螺距,降速长度 δ' 取 0.5 倍螺距以上。

一般升速长度大于 1.3 mm，升速、降速长度常取 2～5 mm。

【例 2-6-1】 如图 2-6-5 所示零件，外圆、槽及倒角已经加工，用 G32 指令编程加工 M24×1.5 圆柱螺纹。

（1）螺纹导程为 1.5 mm，查表确定分 4 次切削：

第一次切削 0.8 mm，X 为 23.2；
第二次切削 0.6 mm，X 为 22.6；
第三次切削 0.4 mm，X 为 22.2；
第四次切削 0.16 mm，X 为 22.04。

（2）取升速长度 δ =3 mm，降速长度 δ' =1.5 mm。

（3）选择 3 号螺纹刀加工螺纹。

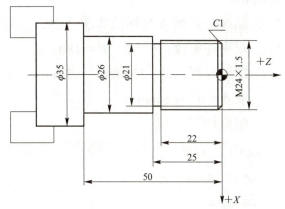

图 2-6-5 例 2-6-1 零件图

编程如下：

%0010	
N01 M03 S300;	N11 Z3;
N02 T0303;	N12 X22.2;
N03 G00 X38 Z3;	N13 G32 Z-23.5 F1.5;
N04 G01 X23.2 F100;	N14 G00 X25;
N05 G32 Z-23.5 F1.5;	N15 Z3;
N06 G00 X25;	N16 X22.04;
N07 Z3;	N17 G32 Z-23.5 F1.5;
N08 X22.6;	N18 G00 X80;
N09 G32 Z-23.5 F1.5;	N19 Z100;
N10 G00 X25;	N20 M30;

【例 2-6-2】 如图 2-6-6 所示零件，外圆和倒角已加工，本工序切槽和切削双头圆柱螺纹。

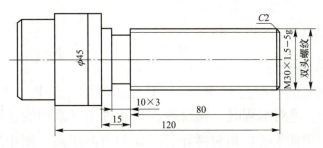

图 2-6-6 例 2-6-2 零件图

选择 2 号刀为切槽刀，刀宽 3 mm；3 号刀为螺纹刀。

螺距为 1.5 mm，分 4 次切削，进刀量（直径值）分别为 0.8 mm、0.6 mm、0.4 mm、0.16 mm。

螺纹时切削 X 坐标值为①X 29.2；②X 28.6；③X 28.2；④X 28.04。

双头柱螺纹：$C = 2$，$P = 180$。

螺纹导程：$F = 2 \times$ 螺距 $= 3$ mm。

取 $\delta = \delta' = 2$ mm。

编程如下：

%0011	
N01 M03 S400;	N20 X29.2;
N02 T0202;	N21 G32 Z38 C2 P180 F3;
N03 G00 X100 Z200;	N22 G00 X32;
N04 Z37 X50;	N23 Z122;
N05 X32;	N24 X28.6;
N06 G01 X24 F50;	N25 G32 Z38 C2 P180 F3;
N07 G00 X32;	N26 G00 X32;
N08 W−2.3;	N27 Z122;
N09 G01 X24;	N28 X28.2;
N10 G00 X32;	N29 G32 Z38 C2 P180 F3;
N11 W−2.3;	N30 G00 X32;
N12 G01 X24;	N31 Z122;
N13 G00 X32;	N32 X28.04;
N14 W−2.4;	N33 G32 Z38 C2 P180 F3;
N15 G00 X100;	N34 G00 X100;
N16 Z200;	N35 Z200;
N17 T0303;	N36 M05;
N18 G00 Z122 X100;	N37 M30;
N19 X32;	

（二）螺纹切削循环 G82 指令

1. 直螺纹切削循环

格式：G82 X___ Z___ R___ E___ C___ P___ F___；

说明：X、Z——绝对编程时，螺纹终点 C 工件坐标系中的坐标；

增量编程时，切削终点 C 相对循环起点 A 的有向距离，图中用 U、W 表示，其符号由轨迹 $A \rightarrow B$ 和 $B \rightarrow C$ 的方向确定，沿坐标轴正方向为正，反之为负；二轴坐标必须齐备，相对坐标不能为零（图2-6-7）。

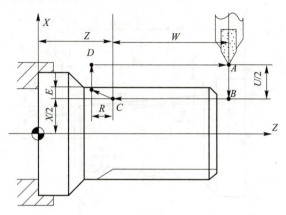

图 2-6-7　直螺纹切削循环

R、E——螺纹切削的退尾量，R 表示 Z 向退尾，E 表示 X 向退尾。R、E（不论绝对或相对编程）以增量方式指定，R 一般取 0.75～1.75 倍螺距，E 取螺纹的牙型高，使用 R、E 可免去退刀槽；R、E 为正（负）时表示沿 X、Z 轴正（负）向回退，R、E 可省略。

C——多头螺纹的头数，为 1 或 0 时切削单头螺纹。

P——单头螺纹切削时，主轴基准脉冲处距离切削起始点的主轴转角（缺省值为 0）；多头螺纹切削时，相邻螺纹头的切削起始点之间对应的主轴转角。

F——螺纹导程。

刀尖运动轨迹如图 2-6-8 所示。

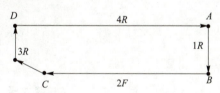

图 2-6-8　直螺纹切削循环

刀尖轨迹：按 $A \rightarrow B \rightarrow C \rightarrow D \rightarrow A$ 轨迹运行。

F——按导程运行。

R——快速运行。

2. 锥螺纹切削循环

格式：G82　X____ Z____ I____ R____ E____ C____ P____ F____；

说明：I——螺纹起点 B 与螺纹终点 C 的半径差，其正、负号为差的符号（无论是绝对值还是增量值编程）。

其余参数含义同直螺纹切削循环。

如图 2-6-9 所示，刀尖轨迹按 $A \rightarrow B \rightarrow C \rightarrow D \rightarrow A$ 轨迹运行。

F——按导程运行。

R：快速运行。

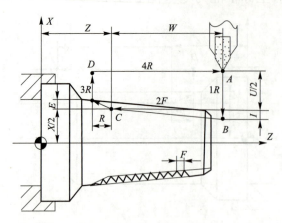

图 2-6-9 锥螺纹切削循环

注意：G82 螺纹切削循环同 G32 螺纹切削一样，在进给保持状态下，该循环指令在完成全部动作之后才停止运动。

【例 2-6-3】 用 G82 指令编程，毛坯外形已加工完成（图 2-6-10）。

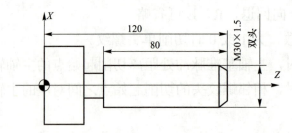

图 2-6-10 G82 切削循环编程实例

编程如下：

```
%0018;
N01 T0303;                          (选择3号螺纹刀)
N02 M03 S300;                       (主轴正转 300 r/min)
N03 G00 X32 Z123;                   (刀具定位到循环起点)
N04 G82 X29.2 Z38 C2 P180 F3;       (第一次切螺纹切深 0.8 mm)
N05 X28.6 Z38 C2 P180 F3;           (第二次切螺纹切深 0.6 mm)
N06 X28.2 Z38 C2 P180 F3;           (第三次切螺纹切深 0.4 mm)
N07 X28.04 Z38 C2 P180 F3;          (第四次切螺纹切深 0.16 mm)
N08 G00 X100;                       (退刀)
N09 Z200;                           (返回换刀点)
N10 M30;                            (主轴停，程序结束并复位)
```

注：螺纹的每次切深量为直径量。

（三）螺纹切削复合循环 G76 指令

格式：G76 C__（c）__R（r）__E（e）__A（a）__X（x）__Z（z）__I（i）__K（k）__U（△d）__V（△d_{min}）__Q（d）__P（p）__F（L）__;

说明：螺纹切削固定循环 G76 指令执行如图 2-6-11 所示的加工轨迹，图中，B 到 C 点的切削速度由 F 代码指定，其他轨迹均为快速进给，其单边切削及参数如图 2-6-12 所示。

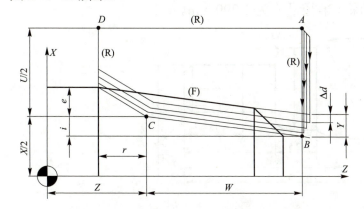

图 2-6-11　螺纹切削复合循环 G76 指令执行　　图 2-6-12　G76 循环单边切削及其参数

指令中：c——精整次数（1～99）模态值。

r——螺纹 Z 向退尾长度（00～99），模态值。

e——螺纹 X 向退尾长度（00～99），模态值。

a——刀尖角度（螺纹牙型角），模态值，在 80°、60°、55°、30°、29°和 0°六个角度中选一个，一般为 60°。

x、z——绝对编程时，为有效螺纹终点 C 在工件坐标系中的坐标。

增量编程时，为有效螺纹终点 C 相对于循环起点 A 的坐标。

i——锥螺纹始点与终点的半径差；i=0 时为直（圆柱）螺纹切削方式。

k——螺纹高度，该值由 X 轴方向的半径值指定。

△d_{min}——最小切削深度（半径值），当第 n 次切削深度 △d$\sqrt{n}$- △d$\sqrt{n-1}$ 小于 △d_{min} 时，则切削深度设定为 △d_{min}。

d——精加工余量（半径值）。

△d——第一次切削深度（半径值）。

P——主轴基准脉冲处距离切削起始点的主轴转角。

L——螺纹导程，即主轴旋转一周，刀具相对工件的进给量。

注意：

（1）按 G76 程序段中的 X（x）和 Z（z）指令实现循环加工，增量编程时，要注意 U 和 W 的正负（由刀具轨迹 AB 和 CD 段的方向确定）。

（2）G76循环进行单边切削，减小了刀尖的受力。

（3）第一次切削时切削深度为 Δd，第 n 次切削时切削深度为 $\Delta d\sqrt{n}$，每次循环的切削深度为 $\Delta d\sqrt{n}-\Delta d\sqrt{n-1}$ 或 $\Delta d(\sqrt{n}-\sqrt{n-1})$。

【例 2-6-4】 编制图 2-6-13 所示零件的加工程序。

外形部分用 G71 指令编程，螺纹部分用 G76 指令编程，毛坯直径 ϕ35 mm，1号刀车外圆，3号刀切削螺纹。

根据螺距为 2 mm 查表，牙深（半径量）为 1.299 mm。

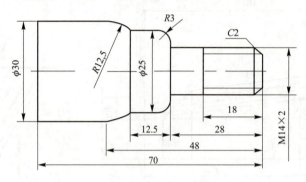

图 2-6-13 例 2-6-4 零件图

编程如下：

```
%0023;
N010 M03 S800;
N020 T0101;
N030 G00 X40 Z5;
N040 X37;
N050 G71 U1.5 R1 P060 Q150 X0.5 F100;
N060 G00 X0;
N070 G01 Z0 F80;
N080 X10;
N090 X14 Z-2;
N100 Z-28;
N110 X19;
N120 G03 X25 W-3 R3;
N130 G01 W-9.5;
N140 G03 X30 Z-48 R12.5;
N150 G01 Z-70;
N160 G00 X100 Z100;
N170 T0303;
```

```
N180 G00 X40 Z3;
N190 X16;
N200 S500;
N210 G76 C2 A60 X11.402 Z-18 K1.299 U0.1 V0.1 Q0.8 F2;
N220 G00 X100;
N230 Z100;
N240 M05;
N250 M30;
```

四、任务实施

编制图 2-6-14 所示外螺纹零件的加工程序，零件毛坯为 32 mm×80 mm 棒料，材料为尼龙棒，利用上海宇龙仿真软件进行仿真加工，之后操作数控车床，完成车削零件的实际加工。

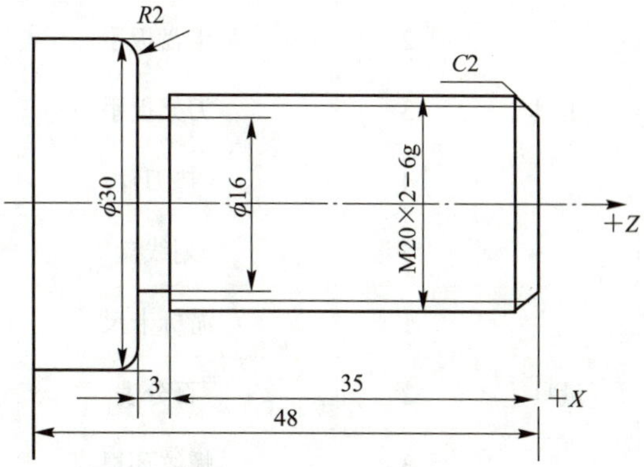

图 2-6-14 外螺纹零件图

（一）加工工艺分析

1. 分析零件图

该阶梯轴零件由两段直径分别为 φ30 mm、φ16 mm 的圆柱，以及槽宽为 3 mm 的沟槽、螺纹 M20×2-6g，倒角 C2 组成，其表面粗糙度及尺寸公差没有特别要求，均为自由公差，零件右端面为其长度方向尺寸基准，零件总长为 48 mm。

2. 确定加工方案及加工工艺路线

加工方案：分析零件图形及尺寸，采用三爪自定心卡盘夹紧工件，以轴心线和右端面的交点为编程原点。该零件加工需要用到 3 把刀具，分别为正前角外圆车刀、外切槽刀和外螺纹刀。可以采用 G32 指令分多刀进行螺纹加工，也可以采用 G82 指令进行螺纹自动循环加工；精度较低，所以不分粗、精加工；粗加工每刀单边加工量选 1 mm，加工结束后用切断刀保证总长。

加工工艺路线如下。

（1）夹持零件毛坯，伸出卡盘约 85 mm（观察 Z 轴限位距离），找正并夹紧。

（2）选择 1 号外圆车刀，加工工件轮廓至尺寸。

（3）选择 2 号外切槽刀，加工工件槽宽及槽深至尺寸。

（4）选择 3 号外切槽刀，加工螺纹 M20×2-6g 的螺纹。

（5）切断零件，保证总长。

（二）实施设施准备

设备型号：凯达 CK6136S 数控车床。

毛坯：$\phi 32$ mm×80 mm 尼龙棒。

选择工、量、刃具，清单见表 2-6-2。

表 2-6-2 工、量、刃具清单

工、量、刃具清单				精度 /mm	单位	数量
种类	序号	名称	规格			
工具	1	三爪自定心卡盘			个	1
	2	卡盘扳手			副	1
	3	刀架扳手			副	1
	4	垫刀片	0.2～2 mm		块	若干
	5	划线盘			个	1
量具	1	游标卡尺	0～150 mm	0.02	把	1
	2	百分表	0～10 mm	0.01	只	1
	3	螺纹环规	M20×2-6g		只	1
刃具	1	外圆车刀	95°		把	1
	2	外切槽刀	3 mm		把	1
	3	外螺纹刀	60°		把	1

4．编制加工工艺卡片

工艺卡片见表 2-6-3～表 2-6-5。

表 2-6-3 零件加工刀具卡

产品名称或代号		零件名称		外螺纹加工	零件图号		
序号	刀具号	刀具名称	数量	加工表面	刀尖半径 R/mm	刀尖方位 T	备注
1	T0101	外圆车刀	1	粗车外轮廓	0.8 mm	3	刀尖角 80°，主偏角 95°
2	T0202	外切槽刀	1	切槽		3	刀宽 3 mm
3	T0303	外螺纹刀	1	车削螺纹		3	刀尖角 60°，螺距 0.5～3 mm
编制		审核		批准	日期	共 页	第 页

表 2-6-4　零件加工工序卡

单位名称		产品名称或代号		零件名称		零件图号	
				外螺纹加工			
工序号	程序编号	夹具名称		使用设备		车间	
		三爪自定心卡盘		CK6136S 数控车床		数控实训基地	
工步号	工步内容	刀具号	刀片规格 R/mm	主轴转速 n/(r·min^{-1})	进给速度 V_f/(mm·min^{-1})	背吃刀量 a_p/mm	备注
1	粗车外轮廓	T0101	0.8 mm	600	150	1.5	
2	切断刀	T0202		400	40	1	
3	外螺纹刀	T0303		400		0.8～0.2	
4	检测、校核						
编制		审核		批准		日期	共　页　第　页

表 2-6-5　零件加工程序单

	程序名　O0001	
程序段号	程序内容	说明
	%0425；	程序头
N10	M03 S600；	主轴正转，600 r/min
N20	T0101；	选择 1 号刀具，选择 1 号刀补
N30	G00 X34 Z2；	快速定位，靠近工件毛坯
N40	G01 Z0 F60；	车削工件右端面至中心点
N50	X0；	
N60	X30；	进刀至工件 ϕ30 mm
N70	G01 Z-48 F150；	车削 ϕ30 台阶，长度 48 mm
N80	G00 X32 Z2；	退刀
N90	X26；	进刀至工件 ϕ26 mm
N100	G01 Z-38；	车削 ϕ26 台阶，长度 38 mm
N110	G03 X30 W-2 R2；	车削 R2 顺圆弧
N120	G00 Z2；	平行退刀
N130	X23；	进刀至工件 ϕ23 mm
N140	G01 Z-38；	车削 ϕ23 台阶，长度 38 mm
N150	G00 X32 Z2；	退刀
N160	X20；	进刀至工件 ϕ20 mm
N170	G01 Z-38；	车削 ϕ20 台阶，长度 38 mm
N180	G00 X100；	先径向快速退刀至 X100

续表

程序名 O0001		
程序段号	程序内容	说明
N190	Z100;	再轴向快速退刀至Z100
N200	T0202;	换2号外切槽刀，选择2号刀补
N210	S400;	主轴转速，400 r/min
N220	G00 X32;	
N230	Z-38;	快速点位至Z-38 mm沟槽，切削沟槽
N240	G01 X16 F40;	切槽深度至ϕ16 mm
N250	G04 P2;	暂停2 s
N260	G00 X100;	径向快速退刀至X100
N270	Z100;	轴向快速退刀至Z100
N280	T0303;	换3号外螺纹刀
N290	G00 X22 Z3;	进刀至螺纹车削起点
N300	X19.1;	第1次切削深度0.9 mm
N310	G32 Z-37 F2;	切削螺纹
N320	G00 X32;	径向快速退刀至X32
N330	Z3;	轴向快速退刀至Z2
N340	X18.5;	第2次切削深度0.6 mm
N350	G32 Z-37 F2;	切削螺纹
N360	G00 X32;	径向快速退刀至X32
N370	Z3;	轴向快速退刀至Z2
N380	X18.1;	第3次切削深度0.4 mm
N390	G32 Z-37 F2;	切削螺纹
N400	G00 X32;	径向快速退刀至X32
N410	Z3;	轴向快速退刀至Z2
N420	X17.9;	第4次切削深度0.2 mm
N430	G32 Z-37 F2;	切削螺纹
N440	G00 X32;	径向快速退刀至X32
N450	Z3;	轴向快速退刀至Z2
N460	X17.8;	第5次切削深度0.1 mm
N470	G32 Z-37 F2;	切削螺纹
N480	G00 X100;	径向快速退刀至X100
N490	Z100;	轴向快速退刀至Z100
N500	M05;	主轴停止
N510	M30;	程序结束

续表

（四）操作数控仿真软件，完成零件仿真加工

略。

（五）操作数控车床，完成零件实际加工

零件加工步骤如下。

（1）检查坯料尺寸。

（2）按顺序打开机床，并将机床回参考点。

（3）装夹刀具与工件。

外圆车刀按要求装于刀架 T01 号刀位，外切槽（断）刀按要求装于刀架 T02 号刀位，外螺纹刀按要求装于刀架 T03 号刀位，切槽刀及螺纹车刀的刀头垂直于工件轴线，刀尖与工件轴线等高。安装螺纹车刀时，可以借助角度样板使刀头垂直于工件轴线。尼龙棒夹在三爪自定心卡盘上，伸出 60 mm，找正并夹紧。

4．手动对刀，建立工件坐标系。

① Z 轴对刀：主轴停止转动，使螺纹车刀刀尖与工件右端面对齐，可以采用目测法或者借助于金属直尺对齐。注意刀具接近工件时，进给倍率为 1%～2%。在控制面板 MDI 的刀偏表下，#0003 位置，在刀具长度补偿存储器中输入"0"。

② X 轴对刀：主轴正转，移动螺纹车刀，使刀尖轻轻碰至工件外圆面（可以取外圆车刀试车削的外圆表面）或另在已车外圆表面再车一段外圆面（2～3 mm），Z 方向退出刀具；停车，测量已车外圆直径，注意刀具接近工件时，进给倍率为 1%～2%。在控制面板 MDI 的刀偏表下，#0003 位置，在刀具直径补偿存储器中输入直径值。依次完成外圆车刀、外切槽刀、外螺纹刀的对刀。

（5）输入程序。

（6）锁住机床，校验程序。

（7）程序校验无误后，开始加工。

（8）加工完成后，按照图纸检查零件。

（9）检查无误后，关机，清扫机床。

五、任务总结评价

（一）自我评估

针对能力目标，对自己在任务实施过程中的表现给出分数（满分 100 分）并用 A（优秀）、B（良好）、C（合格）、D（不合格）给出评价等级。

知识与能力	
问题与建议	
自我打分：____分	评价等级：____级

（二）小组评价

小组同学对该同学在任务实施过程中的表现给出分数（单项 0～20 分），并按上述定义予以客观、合理评价。

独立工作能力	学习创新能力	小组发挥作用	任务完成	其他
____分	____分	____分	____分	____分
五项总计得分：____分			评价等级：____级	

（三）教师评价

指导教师根据学生在学习及任务实施过程中的工作态度、综合能力、任务完成情况予以评价。

_____
_____
_____
_____得分：____分，评价等级：____级

六、技能拓展

编制图 2-6-15 所示内螺纹零件的粗、精加工程序，零件毛坯为 φ45 mm×80 mm 棒料，材料为尼龙棒，利用上海宇龙仿真软件进行仿真加工，操作数控车床完成零件的实际加工。

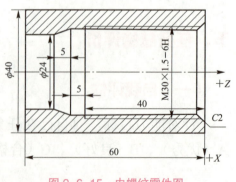

图 2-6-15　内螺纹零件图

项目三
套类零件加工

任务 3-1 内轮廓零件加工

任务 3-2 调头零件加工

任务 3-1 内轮廓零件加工

一、任务要求

内轮廓零件图和三维实体图如图 3-1-1 所示。要求：

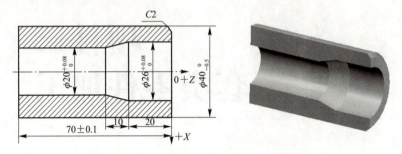

图 3-1-1 内轮廓零件图和三维实体图

（1）掌握内径粗车复合循环 G71 指令及应用。
（2）掌握刀具半径补偿 G41、G42 指令及应用。
（3）掌握刀具的偏置和磨损补偿应用。

二、学习目标

（1）掌握钻中心孔、钻孔（深孔）方法。
（2）掌握通孔加工方法及尺寸控制方法。
（3）掌握内孔车刀对刀及验证方法。
（4）能操作数控车床加工出内轮廓零件。

三、知识准备

（一）内（外）径粗车复合循环 G71 指令

无凹槽加工时指令格式：G71 U（Δd）_ R（r）_ P（ns）_ Q（nf）_ X（Δx）_ Z（Δz）_ F（f）_ S（s）_ T（t）_ ;

注意：内（外）径粗车复合循环 G71 指令在做内孔加工编程时，X 方向精加工余量 Δx 为负值。

【例 3-1-1】 用 G71 内径粗加工复合循环指令编程（图 3-1-2）。

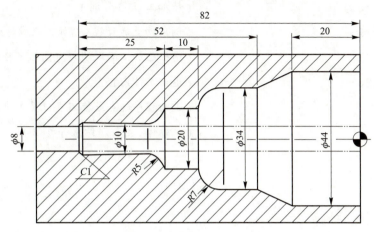

图 3-1-2 例 3-1-1 零件图

分析：先用 $\phi 8$ 麻花钻孔钻，循环起点确定在（X6，Z5）。

切削深度（半径量）为 1.5 mm，退刀量为 1 mm。

X 方向精加工余量 Δx 为 −0.4 mm；

Z 方向精加工余量 Δz 为 0.1 mm。

1 号刀为内孔粗加工镗刀，2 号刀为内孔精加工镗刀。

编程如下：

```
%0020;
N01 T0101;                              （换1号刀）
N02 G00 X80 Z80;                        （到程序起点位置或换刀点位置）
N03 M03 S400;                           （主轴以400 r/min 正转）
N04 X6 Z5;                              （到循环起点位置）
N05 G71 U1.5 R1 P9 Q17 X-0.4 Z0.1 F100; （G71内径循环）
N06 G00 X80 Z80;                        （粗加工后，到换刀点位置）
N07 T0404;                              （换4号刀）
N08 G00 G41 X6 Z5;                      （4号刀加入刀尖圆弧半径补偿）
N09 G00 X44;                            （精加工轮廓开始，到φ44外圆处）
N10 G01 Z-20 F80;                       （精加工φ44外圆）
N11 U-10 W-10;                          （精加工外圆锥）
N12 W-10;                               （精加工φ34外圆）
N13 G03 U-14 W-7 R7;                    （精加工R7圆弧）
N14 G01 W-10;                           （精加工φ20外圆）
N15 G02 U-10 W-5 R5;                    （精加工R5圆弧）
```

```
N16 G01 Z-81;                    （精加工φ10外圆）
N17 U-4 W-2;                     （倒角切至延长线,精加工轮廓结束）
N18 G40 X4;                      （退出已加工面取消刀尖圆弧半径补偿）
N19 G00 Z80;                     （退出工件内孔）
N20 X80;                         （返回程序起点或换刀点位置）
N21 M30;                         （主轴停,主程序结束并复位）
```

（二）刀具补偿功能指令

刀具的补偿包括刀具的偏置和磨损补偿，刀尖圆弧半径补偿，如图3-1-3所示。

刀具的偏置和磨损补偿，是由T代码指定的功能，而不是由G代码规定的准备功能。

刀偏号	X偏置	Z偏置	X磨损	Z磨损	试切直径	试切长度
#0001	-388.934	-861.733	0.000	0.000	38.534	0.000
#0002	-390.333	-855.202	0.000	0.000	35.766	-5.747
#0003	-390.934	-861.733	0.000	0.000	0.000	0.000
#0004	0.000	0.000	0.000	0.000	0.000	0.000
#0005	0.000	0.000	0.000	0.000	0.000	0.000
#0006	0.000	0.000	0.000	0.000	0.000	0.000
#0007	0.000	0.000	0.000	0.000	0.000	0.000
#0008	0.000	0.000	0.000	0.000	0.000	0.000
#0009	0.000	0.000	0.000	0.000	0.000	0.000
#0010	0.000	0.000	0.000	0.000	0.000	0.000
#0011	0.000	0.000	0.000	0.000	0.000	0.000
#0012	0.000	0.000	0.000	0.000	0.000	0.000
#0013	0.000	0.000	0.000	0.000	0.000	0.000

图3-1-3　刀具X轴和Z轴偏置

1. 刀具偏置补偿和刀具磨损补偿

1）刀具偏置补偿。编程时，我们设定刀架上各把刀具的刀尖（刀位点）在工作时的位置是一致的。但实际上由于刀具的几何形状及安装的不同，其刀尖的位置是不一致的，其相对工件原点的距离也是不同的。因此，需要将各刀具的位置进行比较或设定，即刀具偏置补偿。

刀具偏置补偿可使加工程序不随刀尖位置的不同而改变，刀具补偿有以下两种形式。

（1）相对形式补偿。如图3-1-4所示，对刀时，确定一把刀为标准刀具，并以其刀尖位置A为依据建立坐标系，这样，当其他各刀转到加工位置时，刀尖位置B

相对标准刀具刀尖位置 A 就会出现偏置，原来建立的坐标系就不适用，因此，应对非标准刀具相对于标准刀具之间的偏置值 ΔX、ΔZ 进行补偿，使刀尖位置 B 移至位置 A。

标准刀具偏置值为机床回到机床零点时，工件坐标系零点相对于工作位上标准刀具刀尖位置的有向距离。

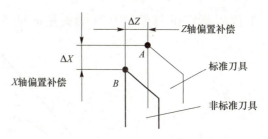

图 3-1-4 刀具偏置的相对形式补偿

（2）绝对形式补偿。如图 3-1-5 所示，即机床回到机床零点时，工件坐标系零点相对于刀架工作位上各刀刀尖位置的有向距离。当执行刀偏补偿时，各刀以此值设定各自的加工坐标系。

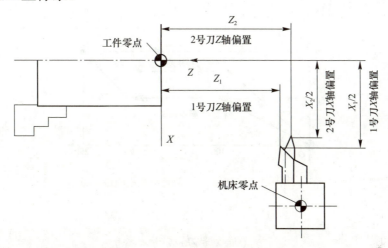

图 3-1-5 刀具偏置的绝对形式补偿

2）刀具磨损补偿。刀具使用一段时间后会产生磨损，也会使产品尺寸产生误差，因此，需要对其进行补偿。该补偿与刀具偏置补偿存放在同一个寄存器的地址号中。各刀的磨损补偿只对该刀具有效（包括标准刀具）。刀具的补偿功能由 T 代码指定，其后的 4 位数字分别表示选择的刀具号和刀具偏置补偿号。

T 代码的说明如下：

T××+××;（刀具号 + 刀具补偿号）

刀具补偿号是刀具偏置补偿寄存器的地址号，该寄存器存放刀具的 X 轴和 Z 轴偏置补偿值、刀具的 X 轴和 Z 轴磨损补偿值。T 加补偿号表示开始补偿功能。补偿号为 00 表示补偿量为 0，即取消补偿功能。系统对刀具的补偿或取消都是通过拖板的移动来实现的。补偿号可以和刀具号相同，也可以不同，即一把刀具可以对应多个补偿号（值）。

如图 3-1-6 所示，如果刀具轨迹相对编程具有 X、Z 方向上补偿值（由 X、Z 方向上的补偿分量构成的矢量称为补偿矢量），那么程序段中的终点位置加或减去由

T代码指定的补偿量（补偿矢量）即为刀具轨迹段终点位置。

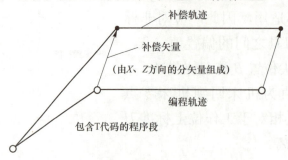

图 3-1-6　经偏置磨损补偿后的刀具轨迹

【例 3-1-2】　如图 3-1-7 所示，先建立刀具偏置磨损补偿，后取消刀具偏置磨损补偿（半径方式编程）。

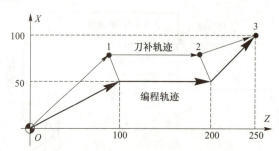

图 3-1-7　例 3-1-2 刀补与编程轨迹

```
T0202;                    （选 2 号刀，2 号刀补）
G01 X50 Z100;             （执行 2 号刀补，刀具移动到 1 点）
Z200;                     （刀具移动到 2 点）
X100 Z250 T0200;          （取消补偿功能，刀具移动到 3 点）
M30;                      （主程序结束并复位）
```

若在加工过程中发现工件直径尺寸产生误差，可通过磨损补偿进行调整。

【例 3-1-3】　工件标注直径尺寸为 $\phi 85\pm 0.1$ mm，用 1 号刀试切后发现尺寸为 $\phi 84$ mm，直径尺寸小了 1 mm，则可在刀偏表中 #0001 刀偏号的"X 磨损"下输入"1"，如图 3-1-8 所示。

若试切后尺寸大了，测量直径为 $\phi 85.85$ mm，则输入值为"-0.85"。

刀偏号	X偏置	Z偏置	X磨损	Z磨损	试切直径	试切长度
#0001	-389.334	-812.500	1.000	0.000	72.401	0.000
#0002	0.000	0.000	-1.000	0.000	0.000	0.000
#0003	0.000	0.000	0.000	0.000	0.000	0.000

图 3-1-8　例 3-1-3 刀偏表

2. 刀尖圆弧半径补偿 G40～G42

格式：$\begin{Bmatrix} G40 \\ G41 \\ G42 \end{Bmatrix} \begin{Bmatrix} G00 \\ G01 \end{Bmatrix} X\_\_ Z\_\_$

数控程序一般是对刀具上的某一点（刀位点）按工件轮廓尺寸编制的。

如图 3-1-9 所示，车刀的刀位点一般为理想状态下的假想刀尖 K 点，或者刀尖圆弧的圆心 O 点，但实际加工中的车刀，由于加工工艺或其他要求，刀尖往往不是一个理想点，而是一段圆弧。在切削加工时，刀具切削点会在刀尖圆弧上变动，造成实际切削点与刀位点之间的位置有偏差，故造成过切或少切。

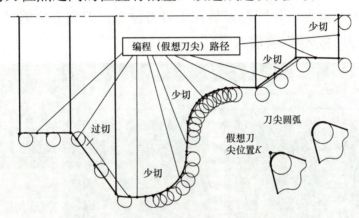

图 3-1-9　刀尖圆弧造成的过切或少切

这种由于刀尖不是一理想点而是一段圆弧造成的加工误差，可用刀尖圆弧半径补偿功能来消除。

刀尖圆弧半径补偿是通过 G41、G42、G40 代码及 T 代码指定的刀尖圆弧半径补偿号，加入或取消半径补偿的。

G40——取消刀具半径补偿。

G41——左刀补（在刀具进给方向左侧补偿，如图 3-1-10 所示）。

G42——右刀补（在刀具进给方向右侧补偿，如图 3-1-10 所示）。

X、Z——G00/G01 的参数，即建立刀补或取消刀补的终点。

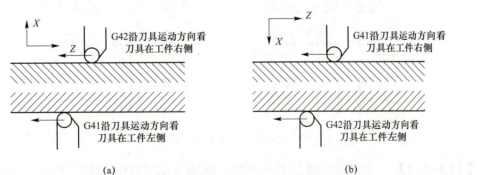

图 3-1-10　左刀补和右刀补
（a）后置刀架；（b）前置刀架

注意：

G40～G42都是模态代码，可相互注销。

（1）G41/G42不带参数，其补偿号（代表所用刀具对应的刀尖半径补偿值）由T代码指定，其刀尖圆弧补偿号与刀具偏置补偿号对应。

（2）刀尖半径补偿的建立与取消只能用G00或G01指令，不得是G02或G03，刀补建立过程中不能进行零件加工。

刀尖圆弧半径补偿寄存器中，定义了车刀圆弧半径及刀尖的方向号。

在华中数控系统主菜单下，按F4（刀具补偿），再按F2（刀补表），进入"刀补表"编辑界面，如图3-1-11所示。在"刀尖方位"项中填写对应的刀具刀尖编号，如图3-1-12所示。例如，外圆车刀装在1号刀位上，刀尖方位编号为3，那么就需要在#0001的"刀尖方位"项输入"3"。

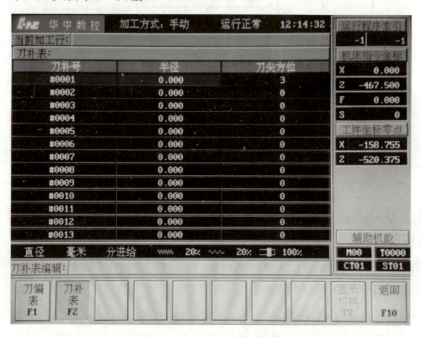

图3-1-11 "刀补表"编辑界面

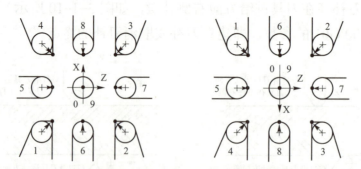

图3-1-12 车刀刀尖位置定义

【例3-1-4】 考虑刀尖圆弧半径补偿，编制图示零件的精加工程序，如图3-1-13所示。

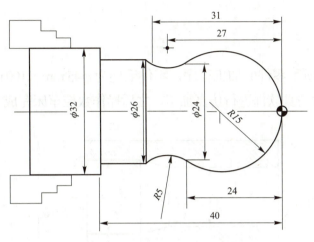

图 3-1-13　例 3-1-4 零件图

刀具选择 → 选择刀片 "V 型（35°）" → 选择刀柄——"J 型（93°）（刃长 11 mm，刀尖半径 0.4 mm，X 向长度 60 mm）"；刀尖方位为 "3"，将刀尖圆弧半径值和刀尖方向号输入刀补表中，如图 3-1-14 所示。

刀补表：		
刀补号	半径	刀尖方位
#0001	0.400	3
#0002	0.000	0

图 3-1-14　刀补表

```
%0024;
N0010 T0101;                    (换1号刀，确定其坐标系)
N0020 M03 S400;                 (主轴正转,400 r/min)
N0030 G00 X40 Z5;               (到程序起点位置)
N0040 X0;                       (刀具移到工件中心)
N0050 G01 G42 Z0 F60;           (加入刀具圆弧半径,工进接触工件)
N0060 G03 U24 W-24 R15;         (加工R15圆弧段)
N0070 G02 X26 Z-31 R5;          (加工R5圆弧段)
N0080 G01 Z-40;                 (加工φ26外圆)
N0090 G00 X30;                  (退出已加工表面)
N0100 G40 X40 Z5;               (取消半径补偿,返回程序起点位置)
N0110 M30;                      (主轴停,主程序结束并复位)
```

四、任务实施

编制图 3-1-15 所示零件的加工程序,零件毛坯为 $\phi 45\,mm \times 100\,mm$ 棒料,材料为尼龙棒,利用上海宇龙仿真软件进行仿真加工,之后操作数控车床完成零件的实际加工。

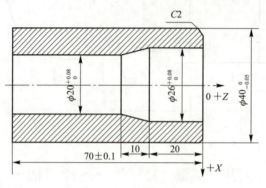

图 3-1-15 内轮廓零件图

(一)加工工艺分析

1. 分析零件图

该零件由外圆直径为 $\phi 40\,mm$ 的圆柱,内孔直径分别为 $\phi 20\,mm$、$\phi 26\,mm$ 的圆柱,以及倒角 C2 组成。其表面粗糙度没有要求,但是内(外)径和长度有尺寸公差要求,特别是内孔直径尺寸公差要求较高,零件总长为(70 ± 0.1)mm。

2. 确定加工方案及加工工艺路线

加工工艺方案:夹住零件左端毛坯外圆,采用中心钻预钻孔及钻孔(通孔);再粗、精车内轮廓;之后粗、精车外轮廓;最后切断零件。

加工工艺路线如下。

(1)夹持零件左端毛坯外圆,伸出卡盘约 90 mm(观察 Z 轴限位距离),找正并夹紧。

(2)选择 1 号外圆车刀,车右端面(手动)。

(3)选择 A3.15 中心钻,进行预钻孔。

(4)选择 $\phi 18\,mm$ 麻花钻进行钻孔,孔深约为 80 mm。

(5)选择 2 号内孔车刀,加工零件内轮廓至尺寸要求。

(6)选择 1 号外圆车刀,加工零件外轮廓至尺寸要求。

(7)选择 3 号切断刀,切断零件,保证总长。

(二)实施设施准备

设备型号:凯达 CK6136S 数控车床。

毛坯:$\phi 42\,mm \times 90\,mm$ 尼龙棒。

选择工、量、刃具，清单见表3-1-1。

表3-1-1　工、量、刃具清单

种类	工、量、刃具清单			精度/mm	单位	数量
	序号	名称	规格			
工具	1	三爪自定心卡盘			个	1
	2	卡盘扳手			副	1
	3	刀架扳手			副	1
	4	垫刀片	0.2～2 mm		块	若干
	5	划线盘			个	1
	6	磁性表座			个	1
	7	钻夹头			个	1
	8	内孔刀夹套			个	1
量具	1	游标卡尺	0～150 mm	0.02	把	1
	2	外径千分尺	25～50 mm		把	1
	3	内径千分尺	18～35 mm		把	1
	4	内径百分表	$\phi 18$～$\phi 35$ mm	0.01	把	1
	5	表面粗糙度样板			套	1
	6	百分表	0～10 mm	0.01	只	1
刃具	1	外圆车刀	95°		把	1
	2	中心钻	A3.15		把	1
	3	麻花钻	$\phi 18$ mm		把	1
	4	内孔车刀	95°		把	1
	5	切槽刀	3 mm		把	1

（三）编制加工工艺卡片

工艺卡片见表3-1-2～表3-1-4。

表3-1-2　零件加工刀具卡

产品名称或代号		零件名称	内轮廓加工	零件图号			
序号	刀具号	刀具名称	数量	加工表面	刀尖半径 R/mm	刀尖方位 T	备注
1	T0101	外圆车刀	1	车外轮廓	0.8	3	
2	T0202	内孔车刀	1	车内轮廓	0.4		
3	T0303	切断刀	1	切断			刀宽3 mm
4		中心钻	1	预钻孔			A3.15
5		麻花钻	1	钻孔			$\phi 18$ mm
编制		审核		批准	日期	共　页	第　页

表 3-1-3　零件加工工序卡

单位名称		产品名称或代号		零件名称		零件图号	
				内轮廓加工			
工序号	程序编号	夹具名称		使用设备		车间	
		三爪自定心卡盘		CK6136S 数控车床		数控实训基地	
工步号	工步内容	刀具号	刀片规格 R/mm	主轴转速 n/(r·min^{-1})	进给速度 V_c/(mm·min^{-1})	切削深度 a_p/mm	备注
1	车削零件右端面	T0101	0.8	600	80		
2	预钻孔		A3.15	400			
3	钻孔		ϕ18	400			钻孔深度 80 mm
4	粗车内轮廓	T0202	0.4	600	150	1.5	
5	精车内轮廓	T0202	0.4	800	100	0.5	
6	粗车外轮廓	T0101	0.4	600	150	1.5	
7	精车外轮廓	T0101	0.4	800	100	0.5	
8	切断	T0303	3 mm	400	40	1 mm	
9	检测、校核						
编制		审核	批准		日期	共　页	第　页

表 3-1-4　零件加工程序单

程序名	O0001	内轮廓加工程序
程序段号	程序内容	说明
	%0101;	程序头
N10	M03 S600;	主轴正转，600 r/min
N20	T0202;	选择 2 号刀具，选择 2 号刀补
N30	G00 X24 Z2;	快速定位，靠近工件毛坯
N40	G71 U1.5 R1 P50 Q90 X−0.5 Z0 F150;	G71 循环
N50	G00 G41 Z0 F60;	加入刀具半径补偿，快速定位至工件右端面 Z0
N60	G01 X26 F60;	精加工轮廓起始行 ns
N70	Z−20;	精加工 ϕ26 内孔
N80	X20 W−10;	精加工内孔锥面
N90	G01 Z−70;	精加工 ϕ20 内轮廓，至轮廓结束
N100	X18;	退出已加工表面 nf
N110	G40 G00 Z5;	取消刀具半径补偿，轴向快速退刀至 Z5
N120	G00 Z100;	轴向快速退刀至 Z100
N130	X100;	径向快速退刀至 X100
N140	M05;	主轴停止
N150	M30;	程序结束并返回程序开头

续表

程序名	O0002	内轮廓加工程序
程序段号	程序内容	说明
	%0102;	程序头
N10	M03 S600;	主轴正转,600 r/min
N20	T0101;	选择 01 号刀具,选择 01 号刀补
N30	G00 X44 Z2;	快速定位,靠近工件毛坯
N40	G71 U1.5 R1 P50 Q90 X0.5 Z0 F150;	G71 循环
N50	G00 Z0 G42;	
N60	G01 X36 F60;	精加工轮廓起始行 ns
N70	X40 Z-2 F120;	精加工 C2 倒角
N80	Z-70;	精加工 ϕ40 外轮廓,至轮廓结束
N90	X42;	退出已加工表面
N100	G00 X45 G40;	取消刀具补偿功能
N110	G00 X100;	轴向快速退刀至 X100
N120	Z100;	径向快速退刀至 Z100
N130	S400;	主轴转速 400 r/min
N140	T0303;	选择 3 号切断刀,选择 3 号刀补
N150	G00 X45;	快速点位至 X45
N160	Z-43;	快速点位至 Z-45
N170	G01 X-1 F40;	切断工件
N180	G00 X100;	轴向快速退刀至 X100
N190	Z100;	径向快速退刀至 Z100
N200	M05;	主轴停止
N210	M30;	程序结束并返回程序开头

(四)操作数控仿真软件,完成零件仿真加工

略。

(五)操作数控车床,完成零件实际加工

零件加工步骤如下。

(1)检查坯料尺寸。

(2)按顺序打开机床,并将机床回参考点。

(3)装夹刀具与工件。

外圆车刀按要求装于刀架 T01 号刀位,内孔车刀按要求装于刀架 T02 刀位,切断刀按要求装于刀架 T03 刀位,中心钻和麻花钻按要求装在机床尾座套筒中,尼龙棒夹在三爪自定心卡盘上,伸出 90 mm,找正并夹紧。

特别注意事项如下。

①安装中心钻、麻花钻时，应该严格使其与工件旋转轴线同轴，预防因偏心而折断刀具。

②车内孔、内沟槽前，应该先检测内孔车刀、内沟槽刀是否会与工件发生干涉。

③车内孔、内沟槽时，X 轴退刀方式与车外圆正好相反，且防止刀背碰撞刀工件。

④控制内孔尺寸时，刀具磨损量的修改与外圆加工正好相反。

（4）手动对刀，建立工件坐标系。

内孔车刀也采用试切法对刀，先车端面，在刀具长度补偿存储器中输入"0"；再车内孔，测量已车内孔的直径，在刀具直径补偿存储器中输入"测量直径值"，完成外圆车刀、内孔车刀对刀及中心钻的预钻孔、麻花钻的钻孔。

特别注意事项如下。

①加工前，应该先检查内孔车刀是否会与工件发生碰撞。

②手动钻中心孔及钻孔时，进给量要均匀，以防止中心钻及麻花钻折断。

③车内轮廓刀具进给方向、刀具磨损补偿值等均与车外轮廓正好相反。

④内孔精车刀车端面对刀后，其他刀具不能再通过车端面对刀，否则长度尺寸将无法控制。

⑤与对于套类零件，夹紧力不能过大，以防止工件变形。

（5）输入程序。

（6）锁住机床，校验程序。

（7）程序校验无误后，开始加工。

（8）加工完成后，按照图纸检查零件。

（9）检查无误后，关机，清扫机床。

五、任务总结评价

（一）自我评估

针对能力目标，对自己在任务实施过程中的表现给出分数（满分100分）并用A（优秀）、B（良好）、C（合格）、D（不合格）给出评价等级。

知识与能力	
问题与建议	
自我打分：____分	评价等级：____级

（二）小组评价

小组同学对该同学在任务实施过程中的表现给出分数（单项 0～20 分），并按上述定义予以客观、合理评价。

独立工作能力	学习创新能力	小组发挥作用	任务完成	其他
___分	___分	___分	___分	___分
五项总计得分：___分			评价等级：___级	

（三）教师评价

指导教师根据学生在学习及任务实施过程中的工作态度、综合能力、任务完成情况予以评价。

_____

_____

_____

_____得分：___分，评价等级：___级

六、技能拓展

编制图 3-1-16 所示零件的加工程序，零件毛坯为 $\phi 50\ mm \times 70\ mm$ 棒料，材料为尼龙棒，利用上海宇龙仿真软件进行仿真加工，之后操作数控车床完成零件的实际加工。

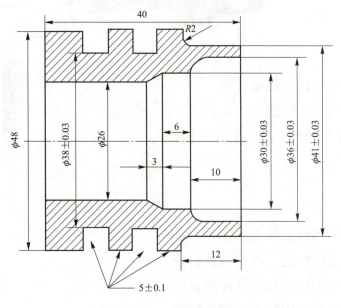

图 3-1-16　内轮廓零件图

任务 3-2 调头零件加工

一、任务要求

调头零件图和三维实体图如图 3-2-1 所示。要求：

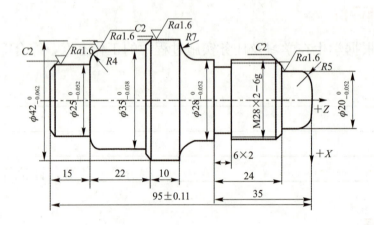

图 3-2-1 调头零件图和三维实体图

（1）会进行中间值编程的计算。
（2）会编制调头零件的加工工艺。
（3）掌握采用中间值编写调头零件程序。

二、学习目标

（1）掌握调头零件的装夹方法。
（2）掌握调头零件的二次对刀及验证方法。
（3）掌握调头零件总长尺寸控制方法。
（4）能操作数控车床加工出调头零件。

三、知识准备

（一）有尺寸公差零件加工范例

有尺寸公差零件加工范例如图 3-2-2 所示。

工艺分析：该零件尺寸精度有要求，分粗、精车两次切削，精车留余量 0.5 mm。巧用切断刀倒左端 C1 倒角并将工件切断。

精车时，有公差的尺寸按平均尺寸编程（ϕ37.98 mm，ϕ25.98 mm）。

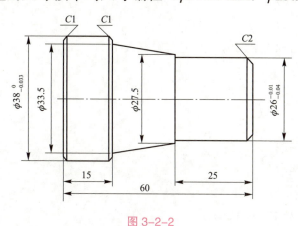

图 3-2-2

（1）毛坯选择 ϕ40 mm×90 mm 棒料。

（2）刀具选择：1 号刀外圆粗车刀，2 号刀外圆精车刀，3 号刀切断（刀宽 3 mm）。

（3）切削用量选择：切削深度 a_P：粗车 a_P = 1.5 mm，精车 a_P = 0.25 mm。

切削速度 V：粗车取 V = 100 m/min，精车取 V = 150 m/min。

转速：$n(S)$ = 1 000 r/min。

粗车 n = 1 000×100/（3.14×38）≈837，n 取 840 r/min。

精车 n = 1 000×150/（3.14×38）≈1 257，n 取 1 260 r/min。

进给量 f：粗车取 f = 0.2 mm/r，精车取 f = 0.1 mm/r。

$F = f \times n$（mm/min）

粗车 F = 0.2×840 = 168，F 取 160 mm/min；

精车 F = 0.1×1 260 = 126，F 取 120 mm/min。

切断：转速 n 取 500 r/min，f 取 0.1 mm/r，$F = f \times n$ =0.1×500 = 50 mm/min。

（4）平均尺寸计算：单件小批量生产，为便于控制零件轮廓尺寸精度要求，编程时常取极限尺寸的平均值作为编程尺寸。

$$编程尺寸 = 基本尺寸 + \frac{下偏差 - 上偏差}{2}$$

$\phi 38_{-0.033}^{0}$ 平均尺寸 = 38+ [（-0.033）-0] /2 = 37.983 5，取 37.98 mm；

$\phi 26_{-0.04}^{-0.01}$ 平均尺寸 = 26+ [（-0.04）-（-0.01）] /2 = 25.985，取 25.98 mm。

（5）编程如下：

```
%0029;
N0010 M03 S840;
N0020 T0101;
N0030 G00 X45 Z0;
N0040 G01 X0 F60;
N0050 G00 X42 Z1;
N0060 G80 X37 Z-45 F160;
N0070 X34 Z-45;
N0080 X31 Z-25;
N0090 X28 Z-25;
N0100 X26.5 Z-25;
N0110 G00 X35 Z1;
N0120 Z-24;
N0130 G80 X34 Z-45 I-1.5;
N0140 X34 Z-45 I-3;
N0150 G00 X38.5 Z-44;
N0160 G01 Z-65;
N0170 G00 X100;
N0180 Z100;
N0190 T0202;
N0200 S1260;
N0210 G00 Z1;
N0220 X40;
N0230 G01 X22 F200;
N0240 X25.98 Z-2 F120;
N0250 Z-25;
N0260 X27.5;
N0270 W-20 X33.5;
N0280 X36;
N0290 X37.98 W-1;
N0300 W-19;
N0310 G00 X100;
```

```
N0320 Z100;
N0330 T0303;
N0340 S500;
N0350 G00 Z-64 X100;
N0360 X40;
N0370 G01 X30 F50;
N0380 X40;
N0390 W3;
N0400 G01 X36 W-2;
N0410 X8;
N0420 G00 X100;
N0430 Z100;
N0440 M30;
```

（二）调头车编程范例

调头车编程范例如图3-2-3所示。

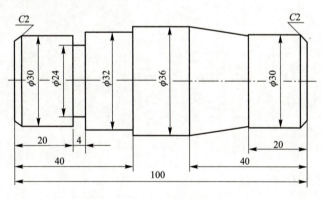

图3-2-3　调头车编程范例零件图

（1）加工工艺分析：夹毛坯外圆，先将左端φ30、φ32、φ36及倒角和槽切出（图3-2-4）。然后掉头夹φ32外圆，车φ30、锥面及倒角（图3-2-5）。

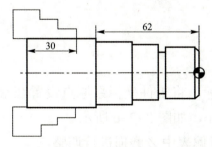

图3-2-4　左端工艺分析示意图

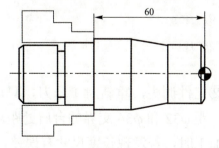

图3-2-5　掉头工艺分析示意图

（2）选择毛坯为 $\phi 40$ mm×105 mm。

（3）刀具选择：1 号刀外圆车刀；2 号刀切槽，刀宽 4 mm。

（4）编程如下：

① 对 1 号刀和 2 号刀，对刀时将工件端面车平。

```
%0027;
N05 M03 S800;
N10 T0101;
N25 G00 X45 Z3;
N30 G71 U1.5 R1 P32 Q65 X0.5 Z0 F100;
N32 G01 X0 F60;
N36 Z0;
N38 X24;
N40 X30 Z-2;
N45 Z-24;
N50 X32;
N55 Z-40;
N60 X36;
N65 Z-62;
N70 G00 X100;
N75 Z100;
N80 T0202;
N82 G00 Z-24 X50;
N84 X34;
N86 G01 X24 F40;
N88 G04 P1;
N90 X32;
N92 G00 X100;
N94 Z100;
N96 M05;
N98 M30;
```

② 工件调头，重新对 1 号刀，只对 Z 轴坐标，将工件坐标系原点设置在端面中心处，距 $\phi 32$ 和 $\phi 36$ 交界的台肩处距离为 60 mm，如图 3-2-6 所示。

加工时，若发现长度尺寸有误差，可通过刀偏表中 Z 磨损进行调整。

锥面加工至锥面的延长线上超出工件表面以外，以免在接头处产生接痕，影响已加工表面质量。

延长线处 X_1 向尺寸计算，由图 3-2-6 所示相似三角形可知：
$X_1/22 = 3/20$；$X_1 = (3/20) \times 22 = 3.3$。

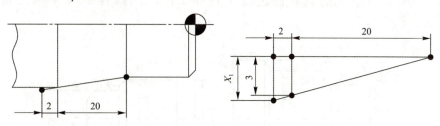

图 3-2-6　掉头工艺轨迹

延长线处直径 $\phi36.6$ mm。

粗车每次切深 2 mm，精车直径余量 1 mm。

```
%0028;
N05 M03 S800;
N10 T0101;
N15 G00 Z0 X45;
N20 G01 X0 F40;
N25 X36.1;
N30 Z-40 F100;
N35 G00 X38;
N40 Z1;
N45 X32;
N50 G01 Z-20;
N55 X36.6 Z-42;
N60 G00 Z1;
N65 X26;
N70 G01 Z-2 X30 F60;
N75 Z-20;
N80 X36.6 Z-42;
N85 G00 X100;
N90 Z100;
N95 M05;
N98 M30;
```

项目三 套类零件加工

四、任务实施

编制图 3-2-7 所示零件的加工程序，零件毛坯为 φ45 mm×98 mm 棒料，材料为尼龙棒，利用上海宇龙仿真软件进行仿真加工，之后操作数控车床完成零件的实际加工。

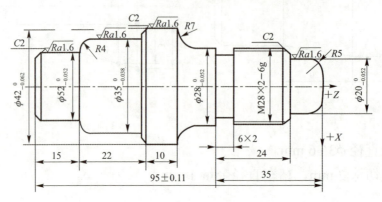

图 3-2-7 调头零件图

（一）加工工艺分析

1. 分析零件图

该零件由 6 段直径分别为 φ42 mm、φ35 mm、φ28 mm、φ25 mm、φ24 mm、φ20 mm 圆柱，以及槽宽为 6 mm 的沟槽、螺纹 M28×2-6 g、逆圆弧 R4、逆圆弧 R5、顺圆弧 R7、倒角 C2 等组成。其表面粗糙度为 Ra1.6 和 Ra3.2。但是外径和长度有尺寸公差要求，特别是直径尺寸公差精度要求很高。零件右端面为其长度方向尺寸基准，零件总长为（95±0.11）mm。

2. 确定加工方案及加工工艺路线

加工方案：分析零件图形及尺寸，采用三爪自定心卡盘夹紧工件，以轴心线和右端面的交点为编程原点。因为右端有螺纹，所以此零件应该先加工左端部分（加工长度为 50 mm），然后调头，进行二次装夹，重新对刀，再加工右端部分。外径及长度加工精度较高，按照先粗后精原则进行加工，采用内（外）径粗车复合循环 G71 指令加工此零件。粗加工每刀单边加工量选 1.5 mm，加工结束后用切断刀保证总长。

加工工艺路线如下。

（1）夹持零件毛坯，伸出卡盘约 60 mm（观察 Z 轴限位距离），找正并夹紧。

（2）选择 1 号外圆车刀，车削零件左端三个阶梯轴直径分别为 φ42 mm、φ35 mm、φ25 mm，2 个倒角 C2，车削总长为 50 mm。

（3）卸下零件，调头，二次装夹（装夹位为 φ35 阶梯轴）。

（4）选择1号外圆车刀，重新对刀（只对Z轴）；2号切槽刀、3号外螺纹刀对刀。

（5）选择1号外圆车刀，加工右端零件部分至尺寸要求，保证总长度达到尺寸精度要求。

（6）选择2号切槽刀，加工零件右端退刀槽至尺寸要求。

（7）选择3号外螺纹刀，加工零件右端螺纹部分至尺寸要求。

（二）实施设施准备

设备型号：凯达 CK6136S 数控车床。

毛坯：ϕ45 mm×98 mm 尼龙棒。

选择工、量、刃具，清单见表 3-2-1。

表 3-2-1　工、量、刃具清单

种类	序号	名称	规格	精度/mm	单位	数量
工具	1	三爪自定心卡盘			个	1
	2	卡盘扳手			副	1
	3	刀架扳手			副	1
	4	垫刀片	0.2～2 mm		块	若干
	5	划线盘			个	1
	6	磁性表座			个	1
量具	1	游标卡尺	0～150 mm	0.02	把	1
	2	外径千分尺	25～50 mm		把	1
	3	表面粗糙度样板			套	2
	4	百分表	0～10 mm	0.01	只	1
	5	螺纹环规	M28×2-6 g			
刃具	1	外圆车刀	93°		把	1
	2	切断刀	3 mm		把	1
	3	外螺纹车刀	60°		把	1

（三）编制加工工艺卡片

工艺卡片见表 3-2-2～表 3-2-4。

表 3-2-2 零件加工刀具卡

产品名称或代号			零件名称	调头零件	零件图号		
序号	刀具号	刀具名称	数量	加工表面	刀尖半径 R/mm	刀尖方位 T	备注
1	T0101	外圆车刀	1	粗、精加工零件左端部分	0.4	3	
2	T0101	外圆车刀	1	粗、精加工零件右端部分	0.4	3	
3	T0202	切断槽刀	1	切退刀槽			刀宽 3 mm
4	T0303	外螺纹车刀	1	粗、精外螺纹 M28×2-6 g			刀尖角 60°，螺距 0.5～3
5							
编制		审核		批准	日期	共 页	第 页

表 3-2-3 零件加工工序卡

单位名称		产品名称或代号		零件名称 调头零件		零件图号	
工序号	程序编号	夹具名称		使用设备		车间	
		三爪自定心卡盘		CK6136S 数控车床		数控实训基地	
工步号	工步内容	刀具号	刀片规格 R/mm	主轴转速 n / (r·min^{-1})	进给速度 V_c/ (mm·min^{-1})	切削深度 a_p/mm	备注
1	粗车零件左端部分（长度 50 mm）	T0101	0.4	600	150	1.5	
2	精车零件左端部分（长度 50 mm）	T0101	0.4	800	120	0.5	
3	调头，二次对刀						
4	粗车零件右端部分	T0101	0.4	600	150	1.5	
5	精车零件右端部分（保证总长度为 95 mm）	T0101	0.4	800	120	0.5	
6	粗、精车削退刀槽	T0202	3	400	40	1	
7	粗、精车削螺纹	T0303	60°	400		0.2～0.9	螺纹导程 2 mm
8	检测、校核						
编制		审核		批准	日期	共 页	第 页

表 3-2-4　零件加工程序单

程序名	O0001	零件左端加工程序
程序段号	程序内容	说明
	%0101;	程序头
N10	M03 S600;	主轴正转，600 r/min（粗加工）
N20	T0101;	选择 1 号刀具，选择 1 号刀补
N30	G00 X46 Z2;	快速定位，靠近工件毛坯
N40	G71 U1.5 R1 P70 Q150 X0.5 Z0 F150;	G71 循环
N50	S800;	主轴转速 800 r/min（精加工）
N60	G01 G41 Z0 F60;	加入刀具半径补偿，快速定位至工件右端面 Z0
N70	G01 X20.974 F120;	精加工轮廓起始行 ns
N80	X24.974 Z-2;	倒角 C2
N90	Z-15;	精加工 $\phi25$ 阶梯轴
N100	X27;	精加工 $\phi27$
N110	G03 X34.98 W-4 R4;	精加工 R4 圆弧
N120	G01 Z-37;	精加工 $\phi35$
N130	X38;	精加工 $\phi38$
N140	X41.969 W-2;	倒角 C2
N150	G01 Z-50;	精加工 $\phi42$ 阶梯轴
N150	X44;	退出已加工表面 nf
N160	G00 G40 X60;	取消刀具半径补偿
N170	G00 X100;	径向快速退刀至 X100
N180	Z100;	轴向快速退刀至 Z100
N190	M05;	主轴停止
N200	M30;	程序结束并返回程序开头

程序名	O0002	零件右端加工程序
程序段号	程序内容	说明
	%0102;	程序头
N10	M03 S600;	主轴正转，600 r/min（粗加工）
N20	T0101;	选择 1 号刀具，选择 1 号刀补
N30	G00 X46 Z2;	快速定位，靠近工件毛坯（调头之后重新对刀，车削右端面，略大于测量的零件总长实际值 2～3 mm）
N40	G71 U1.5 R1 P60 Q150 X0.5 Z0 F150;	G71 循环
N50	S800;	主轴转速 800 r/min（精加工）
	G00 G41 X44 Z2;	快速定位，靠近工件毛坯；加入刀具半径补偿，快速定位至工件右端面 Z2
N60	G01 Z0 F120;	精加工轮廓起始行 ns

续表

程序名	O0002		零件右端加工程序
程序段号	程序内容		说明
N70	X0;		右端面循环车削
N80	X10.974;		
N90	G03 X19.974 Z-5 R5;		精加工 R5 圆弧
N100	Z-9;		精加工 φ20 阶梯轴
N110	G01 X23.974;		
N120	X27.974 W-2;		倒角 C2
N130	Z-41;		精加工 φ28 阶梯轴
N140	G02 X41.969 W-7 R7;		精加工 R7 圆弧
N150	G01 Z-48;		精加工 φ42 阶梯轴
N150	X44;		退出已加工表面 nf
N160	G00 G40 X60;		取消刀具半径补偿
N170	G00 X100;		径向快速退刀至 X100
N180	Z100;		轴向快速退刀至 Z100
N190	S400;		主轴转速 800 r/min
N200	T0202;		选择 2 号切槽刀，选择 2 号刀补
N210	G00 X46;		
N220	Z-35;		切槽刀左刀尖点进刀至 Z-35 处
N230	G01 X24 F40;		车槽至 φ24
N240	G04 P2;		暂停 2 s
N250	G00 X30;		退刀
N260	W3;		向右进刀一个刀宽位
N270	G01 X24 F40;		车槽至 φ24
N280	G04 P2;		暂停 2 s
N290	G00 X100;		轴向快速退刀至 Z100
N300	Z100;		径向快速退刀至 X100
N310	T0303;		选择 3 号外螺纹车刀，选择 3 号刀补
N320	G00 X30;		
N330	Z-6;		进刀至螺纹加工起点
N340	G82 X27.1 Z-31 F2;		G82 螺纹循环加工
N350	X26.5 Z-31 F2;		
N360	X26.1 Z-31 F2;		
N370	X25.9 Z-31 F2;		
N380	X25.8 Z-31 F2;		
N390	G00 X100;		径向快速退刀至 X100
N400	Z100;		轴向快速退刀至 Z100
N410	M05;		主轴停止
N420	M30;		程序结束并返回程序开头

（四）操作数控仿真软件，完成零件仿真加工

略。

（五）操作数控车床，完成零件实际加工

零件加工步骤如下。

（1）检查坯料尺寸。

（2）按顺序打开机床，并将机床回参考点。

（3）装夹刀具与工件。

外圆车刀按要求装于刀架 T01 号刀位，切槽刀按要求装于刀架 T02 刀位，外螺纹车刀按要求装于刀架 T03 刀位。

先加工零件左端，尼龙棒夹在三爪自定心卡盘上，伸出 60 mm，找正并夹紧。

零件左端加工之后，调头，进行二次装夹。此时，把 $\phi 35$ 阶梯轴作为装夹位夹在三爪自定心卡盘上。

（4）手动对刀，建立工件坐标系。

采用试切法对刀，先车右端面，在刀具长度补偿存储器中输入"0"；再车台阶，测量已车台阶的直径，在刀具直径补偿存储器中输入测量直径值。调头之后，重新装夹，只对 Z 轴坐标，将工件坐标系原点设置在端面中心处，距 $\phi 40$ 和倒角 $C2$ 交界的台肩处距离为 60 mm。

（5）输入程序。

（6）锁住机床，校验程序。

（7）程序校验无误后，开始加工。

（8）加工完成后，按照图纸检查零件。

（9）检查无误后，关机，清扫机床。

五、任务总结评价

（一）自我评估

针对能力目标，对自己在任务实施过程中的表现给出分数（满分 100 分）并用 A（优秀）、B（良好）、C（合格）、D（不合格）给出评价等级。

知识与能力	
问题与建议	
自我打分：____分	评价等级：____级

（二）小组评价

小组同学对该同学在任务实施过程中的表现给出分数（单项 0～20 分），并按上述定义予以客观、合理评价。

独立工作能力	学习创新能力	小组发挥作用	任务完成	其他
____分	____分	____分	____分	____分
五项总计得分：____分			评价等级：____级	

（三）教师评价

指导教师根据学生在学习及任务实施过程中的工作态度、综合能力、任务完成情况予以评价。

_____

_____

_____

_____得分：____分，评价等级：____级

六、技能拓展

编制图 3-2-8 所示零件的加工程序，零件毛坯为 φ50 mm×110 mm 棒料，材料为尼龙棒，利用上海宇龙仿真软件进行仿真加工，之后操作数控车床完成零件的实际加工。

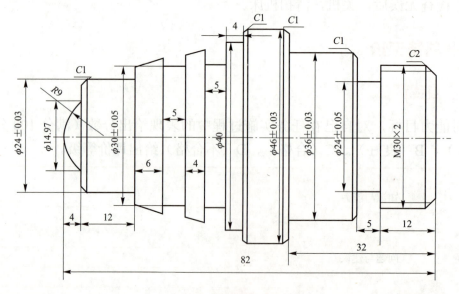

图 3-2-8 调头零件图

项目四
典型零件加工

任务 4-1　典型零件加工（一）

任务 4-2　典型零件加工（二）

任务 4-1　典型零件加工（一）

一、任务要求

典型零件图（一）和三维实体图如图 4-1-1 所示。要求：

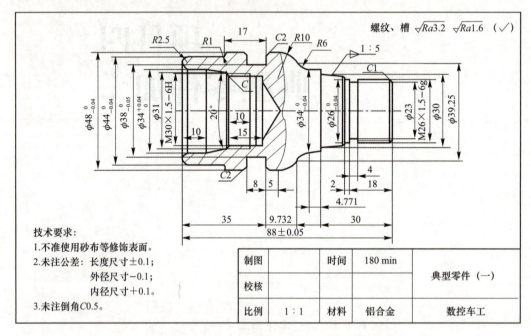

图 4-1-1　典型零件图（一）和三维实体图

（1）会识读零件图样。

（2）会进行尺寸计算。

（3）会选择各种加工表面的相应刀具。

（4）会合理选择车削三要素。

（5）会填写数控加工刀具卡、加工工序卡等工艺文件。

二、学习目标

(1) 掌握内螺纹车刀安装及对刀方法。
(2) 掌握内螺纹车削方法及尺寸控制。
(3) 能操作数控车床加工出典型零件。

三、知识准备

(一) 车削用量三要素介绍

车削用量是说明车床在进行车削加工时的状态参数,可用它对主运动和进给运动进行定量的表述。车削用量包括切削速度(V_c)、进给量(f)和切削深度(a_p)三个要素,如图4-1-2所示。

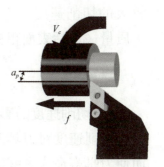

图4-1-2

1. 切削速度

切削刃上的切削点相对于工件主运动的瞬时速度称为切削速度。切削速度的单位为 m/min。通俗地说,工件在车床上旋转,我们将其每分钟的转数定义为主轴转速 n。由于工件旋转,在其直径的切削点处产生切削速度,称为线速度,单位为 m/min。通常用线速度来考虑切削速度对加工的影响。在各种金属切削机床中,大多数切削加工的主运动都是回转运动。这就需要在切削速度与机床主轴转速之间进行转换,两者的关系为

$$V_c = \pi dn/1\,000$$

式中,V_c——切削速度(m/min);d——工件直径(mm);n——主轴转速(r/min)。

2. 进给量

刀具在进给方向上相对于工件的位移量称为进给量。对于普通车床而言,进给量为工件(主轴)每转过一转,刀具沿进给方向与工件的相对移动量,单位为 mm/r;对于数控车床,由于其控制原理与普通车床不同,进给量也可以用进给速度 V_f(单位为 mm/min)来表达,即刀具在单位时间内沿着进给方向相对于工件的位移量。在车削加工时,进给速度 V_f 是指切削刃上选定点相对于工件进给运动的瞬时速度。它与进给量之间的关系为

$$V_f = n \cdot f$$

3. 切削深度

是指已加工表面与待加工表面之间的垂直距离。外圆车削时:

$$a_p = \frac{(d_w - d_m)}{2}$$

式中：a_p 为切削深度（mm）；d_w 为待加工表面直径（mm）；d_m 为已加工表面直径（mm）。

镗孔时，则上式中的 d_w 与 d_m 互换一下位置，即

$$a_p = \frac{(d_m - d_w)}{2}$$

在切削加工中，切削速度（V_c）、进给量（f）和切削深度（a_p）这三个参数是相互关联的。在粗加工中，为了提高效率，一般采用较大的切削深度（a_p），此时，切削速度（V_c）和进给量（f）相对较小；而在半精加工和精加工阶段，一般采用较大的切削速度（V_c）、较小的进给量（f）和切削深度（a_p），以获得较好的加工质量（包括表面粗糙度、尺寸精度和形状精度）。

（二）车削三要素对加工的影响

1. 切削速度的影响

切削速度对刀具寿命有非常大的影响。在提高切削速度时，切削温度就上升，而使刀具寿命大大缩短。加工不同种类、硬度的工件，切削速度会有相应的变化。通过大量的切削实验得出以下结论（表4-1-1）。

（1）在通常情况下，切削速度提高20%，刀具耐用度降低1/2；切削速度提高50%，刀具耐用度将降至原来的1/5。

（2）低速（20～40 m/min）切削易产生振动，使刀具寿命缩短。

表 4-1-1　硬质合金外圆车刀切削速度参考值

工件材料	热处理状态	粗加工 a_p=6～10 mm f=0.6～1 mm/r V_c/(m·min^{-1})	半精加工 a_p=2～6 mm f=0.3～0.6 mm/r V_c/(m·min^{-1})	精加工 a_p=0.3～2 mm f=0.08～0.3 mm/r V_c/(m·min^{-1})
低碳钢	热轧	70～90	100～120	140～180
中碳钢	热轧	60～80	90～110	130～160
中碳钢	调质	50～70	70～90	100～130
合金结构钢	热轧	50～70	70～90	100～130
合金结构钢	调质	40～60	50～70	80～110
工具钢	退火	50～70	60～80	90～120
灰铸铁	<190 HBS	50～70	60～80	90～120
灰铸铁	190～225HBS	40～60	50～70	80～110
高锰钢			10～20	

续表

工件材料	热处理状态	粗加工 $a_P=6\sim10$ mm $f=0.6\sim1$ mm/r $V_c/(\text{m}\cdot\text{min}^{-1})$	半精加工 $a_P=2\sim6$ mm $f=0.3\sim0.6$ mm/r $V_c/(\text{m}\cdot\text{min}^{-1})$	精加工 $a_P=0.3\sim2$ mm $f=0.08\sim0.3$ mm/r $V_c/(\text{m}\cdot\text{min}^{-1})$
铜及铜合金		90～120	120～180	200～250
铝及铝合金		150～200	200～400	300～600
铸铝合金		60～100	80～150	100～180

注：切削钢件或灰铸铁时，硬质车刀的耐用度 T 一般为 60 min。

2. 进刀量的影响

进给量是决定被加工表面质量的关键因素，同时也影响加工时切屑形成的范围和切屑的厚度。在对刀具寿命影响方面，进给量过小，后刀面磨损大，刀具寿命大幅降低；进给量过大，切削温度升高，后刀面磨损也增大，但较之切削速度对刀具寿命的影响要小。

3. 切削深度的影响

切削深度应根据工件的加工余量、形状、机床功率、刚性及刀具的刚性来确定。切削深度变化对刀具寿命影响不大。在切削深度过小时，会造成刮擦，只切削刀工件表面的硬化层，缩短刀具寿命。当工件表面具有硬化的氧化层时，应在机床功率允许范围内选择尽可能大的切削深度，以避免刀尖只切削工件的表面硬化层，造成刀尖的异常磨损，甚至破损。

（三）选择切削用量的一般原则

粗车时切削用量的选择：粗车时，一般以提高生产率为主，以经济性为辅。提高切削速度、加大进给量和切削深度，均可提高生产率。其中，切削速度对刀具寿命的影响最大，切削深度对刀具寿命的影响最小。所以，考虑粗加工切削用量时，首先应选择一个尽可能大的切削深度，其次应选择较大的进给速度，最后在刀具使用寿命和机床功率允许的条件下选择一个合理的切削速度。

半精车、精车时切削用量的选择：精车和半精车的切削用量要保证加工质量，兼顾生产率与刀具的使用寿命。半精车和精车的切削深度是根据零件加工精度和表面粗糙度要求及粗车后留下的加工余量决定的，一般情况是一次性去除余量。

半精车和精车的切削深度较小，产生的切削力也较小，所以可在保证表面粗糙度的情况下适当加大进给量。

四、任务实施

编制图 4-1-3 所示零件的加工程序，零件毛坯为 φ55 mm×110 mm 棒料，材料为铝合金，操作数控车床完成零件的实际加工。

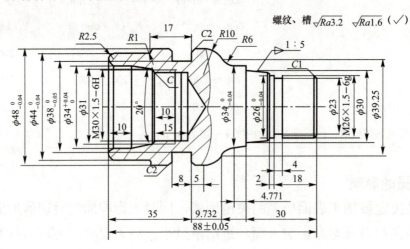

图 4-1-3 典型零件图

（一）加工工艺分析

1. 分析零件图

该零件由外圆直径分别为 φ48 mm、φ44 mm、φ34 mm 的圆柱，以及孔直径为 φ34mm 的圆锥，锥度比为 1∶5 的圆锥、槽宽分别为 8 mm、4 mm 的沟槽，外螺纹 M26×1.5-6g，内螺纹 M30×1.5-6H，顺圆弧 R1、R2.5、R6，逆圆弧 R2.5、R10，倒角 C1 和 C2 等组成。其表面粗糙度为 Ra1.6 和 Ra3.2。但是外径和长度都有尺寸公差要求，特别是直径尺寸公差精度要求很高。零件右端面为其长度方向尺寸基准，零件总长为（88±0.05）mm。

2. 确定加工方案及加工工艺路线

夹住零件右端毛坯外圆，加工左端内孔、内螺纹、外圆、切槽；然后调头夹住零件左端 φ48 mm 外圆，加工零件右端外圆、槽、螺纹 M26×1.5-6g。

加工工艺路线如下。

（1）夹持零件右端毛坯外圆，伸出卡盘约 50 mm（观察 Z 轴限位距离）。

① 车左端面（手动）。

② 选择 A3.15 钻中心孔，选择 φ26 mm 的麻花钻，钻孔深为 35 mm（手动）。

③ 粗、精车零件左端内轮廓。

④ 粗、精车零件左端内螺纹。

⑤ 粗、精车零件左端外轮廓。

⑥ 切槽。

（2）夹住零件左端 $\phi48$ mm 外圆。

① 车右端面（手动）。

② 粗、精车外轮廓。

③ 切槽。

④ 粗、精车外螺纹。

（二）实施设施准备

设备型号：凯达 CK6136S 数控车床。

毛坯：$\phi50$ mm×93 mm 铝合金。

选择工、量、刃具，清单见表 4-1-2。

表 4-1-2　工、量、刃具清单

种类	序号	名称	规格	精度/mm	单位	数量
工具	1	三爪自定心卡盘			个	1
	2	卡盘扳手			副	1
	3	刀架扳手			副	1
	4	垫刀片	0.5～2 mm		块	若干
	5	划线盘			个	1
	6	磁性表座			个	1
	7	钻夹头			个	1
	8	内孔刀夹套			个	2
量具	1	游标卡尺	0～150 mm	0.02	把	1
	2	外径千分尺	25～50 mm	0.01	把	1
	3	内径千分尺	18～35 mm	0.01	把	1
	4	内径百分表	$\phi18$～$\phi35$ mm	0.01	把	1
	5	表面粗糙度样板	1.6，3.2		套	2
	6	百分表	0～10 mm	0.01	只	1
	7	螺纹塞规	M30×1.5-6H			
	8	螺纹环规	M26×1.5-6g			
	9	R 规	R1、R2.5、R6、R10			

续表

工、量、刃具清单				精度/mm	单位	数量
种类	序号	名称	规格			
刃具	1	外圆粗车刀	95°		把	1
	2	外圆精车刀	93°		把	1
	3	外切槽刀	刀宽 3 mm，切深 10 mm		把	1
	4	外螺纹车刀	60°		把	1
	5	内孔粗车刀	95°		把	1
	6	内孔精车刀	93°		把	1
	7	内螺纹车刀	60°		把	1
	8	中心钻	A3.15		把	1
	9	麻花钻	ϕ26 mm		把	1

（三）编制加工工艺卡片

工艺卡片见表 4-1-3～表 4-1-6。

表 4-1-3　零件加工刀具卡

产品名称或代号				零件名称	典型零件一	零件图号		
序号	刀具号	刀具名称	数量	加工表面	刀尖半径 R/mm	刀尖方位 T	备注	
1	T01	95° 硬质合金外圆粗车刀	1	粗车外轮廓	0.8	3	刀尖角 80°	
2	T02	93° 硬质合金外圆精车刀	1	精车外轮廓	0.4	3	刀尖角 35°	
3	T03	硬质合金切槽刀	1	切退刀槽			刀宽 3 mm	
4	T04	60° 硬质合金外螺纹车刀	1	车螺纹			刀尖角 60°，螺距 0.5～3	
5		A3 中心钻	1	钻 A3 中心孔			安装在尾座套筒内	
6		ϕ26 mm 麻花钻	1	钻 ϕ23 孔			安装在尾座套筒内	
7	T05	95° 硬质合金内孔粗车刀	1	粗车内轮廓	0.8		刀尖角 80°	
	T06	93° 硬质合金内孔精车刀	1	精车内轮廓	0.4		刀尖角 35°	
	T07	60° 硬质合金内螺纹车刀	1	车内螺纹			刀尖角 60°，螺距 0.5～3	
编制		审核		批准		日期	共　页	第　页

表 4-1-4 零件左端加工工序卡

单位名称		产品名称或代号	零件名称	零件图号
			典型零件（一）	
工序号	程序编号	夹具名称	使用设备	车间
		三爪自定心卡盘	CK6136S 数控车床	数控实训基地
工步号	工步内容	刀具号	刀片规格 R/mm	主轴转速 $n/(\text{r·min}^{-1})$	进给速度 $V_f/(\text{mm·min}^{-1})$	切削深度 a_p/mm	备注
---	---	---	---	---	---	---	---
1	车端面	T01	0.8	1000	80	1.5	
2	钻中心孔			500	100	1.0	
3	钻孔			400	50	8	
4	粗加工内轮廓，留0.5 mm 精加工余量	T05	0.8	1 000	150	1.5	
5	精车内孔至尺寸	T06	0.4	1 800	120	0.5	
6	粗、精内螺纹至尺寸	T07		400	1.5	0.02～0.8	螺纹导程1.5 mm
7	粗加工外轮廓，留0.5 mm 精加工余量	T01	0.8	1 000	150	1.5	
8	精加工外轮廓至尺寸	T02	0.4	1 800	120	0.5	
9	车槽	T03	3	500	50	4	
编制		审核	批准	日期		共 页	第 页

表 4-1-5 零件右端加工工序卡

单位名称		产品名称或代号	零件名称	零件图号
			典型零件（一）	
工序号	程序编号	夹具名称	使用设备	车间
		三爪自定心卡盘	CK6136S 数控车床	数控实训基地
工步号	工步内容	刀具号	刀片规格 R/mm	主轴转速 $n/(\text{r·min}^{-1})$	进给速度 $V_f/(\text{mm·min}^{-1})$	切削深度 a_p/mm	备注
---	---	---	---	---	---	---	---
1	车端面	T01	0.8	1 000	80	1.5	
2	粗加工外轮廓，留0.5 mm 精加工余量	T01	0.8	1 000	150	1.5	

续表

单位名称		产品名称或代号		零件名称		零件图号	
				典型零件（一）			
工序号	程序编号	夹具名称		使用设备		车间	
		三爪自定心卡盘		CK6136S 数控车床		数控实训基地	
3	精加工外轮廓至尺寸	T02	0.4	1 800	120	0.5	
4	车槽	T03	3	500	50	4	
5	粗、精外螺纹至尺寸	T04		400	1.5	0.02～0.8	
编制		审核		批准		日期	共 页 第 页

表 4-1-6　零件加工程序单

程序名 O0001		零件左端内孔加工程序
程序段号	程序内容	说明
	%0101;	程序头
N10	M03 S1000;	主轴正转，1 000 r/min（粗加工）
N20	T0505;	选择内孔粗车刀
N30	G00 X26 Z2;	快速定位，靠近工件毛坯
N40	G71 U1.5 R1 P120 Q170 X−0.5 Z0 F150;	G71 复合循环指令
N50	G00 X26;	快速退刀
N60	Z100;	
N70	T0606;	换内孔精车刀
N80	M05;	主轴停转
N90	M00;	主程序暂停
N100	S1800;	主轴转速 1 800 r/min（精加工）
N110	G01 G41 X26 Z0 F60;	加入刀具半径补偿，快速定位至工件右端面 Z0
N120	G01 X39 F120;	精加工轮廓起始行 ns
N130	G02 X34 W−2.5 R2.5;	精加工 R2.5
N140	G01 Z−10;	精加工 ϕ34 内孔
N150	X31 W−8.51;	精加工内孔圆锥
N160	X28.052 W−1;	倒角 C1
N170	G01 W−15;	精加工 ϕ30
N180	G00 G40 X26;	取消刀具半径补偿

续表

程序段号	程序名 O0001 程序内容	零件左端内孔加工程序 说明
N190	G00 X26;	径向快速退刀至 X26
N200	Z100;	轴向快速退刀至 Z100
N210	T0707;	换内螺纹车刀
N220	M03 S400;	主轴转速，400 r/min
N230	G00 X28 Z−16;	快速定位加工内螺纹起点
N240	G82 X28.05 W−13 F1.5;	内螺纹循环加工
N250	G82 X28.6 W−13 F1.5;	
N260	G82 X29 W−13 F1.5;	
N270	G82 X29.4 W−13 F1.5;	
N280	G82 X29.8 W−13 F1.5;	
N290	G82 X30 W−13 F1.5;	
N300	G00 X26;	径向快速退刀至 X26
N310	Z100;	轴向快速退刀至 Z100
N320	M05;	主轴停止
N330	M30;	程序结束并返回程序开头

程序段号	程序名 O0002 程序内容	零件左端外圆加工程序 说明
	%0101;	程序头
N10	M03 S1000;	主轴正转，1 000 r/min（粗加工）
N20	T0101;	选择外圆粗车刀
N30	G00 X52 Z2;	快速定位，靠近工件毛坯
N40	G71 U1.5 R1 P110 Q180 X0.5 Z0 F150;	G71 复合循环指令
N50	G00 X100 Z100;	
N60	T0202;	选择外圆精车刀
N70	M05;	主轴停转
N80	M00;	主程序暂停
N90	M03 S1800;	主轴转速，1 800 r/min（精加工）
N100	G01 G41 X52 Z0 F60;	加入刀具半径补偿，快速定位至工件右端面 Z0
N110	G01 X39 F120;	精加工轮廓起始行 ns
N120	G03 X44 W−2.5 R2.5;	圆弧精加工

续表

程序名 O0002		零件左端外圆加工程序
程序段号	程序内容	说明
N130	G01 Z-17;	精加工 φ44 阶梯轴
N140	G02 X46 W-1 R1;	圆弧精加工
N150	G01 X48;	定位到 φ48
N160	Z-35;	精加工 φ48
N170	X49;	定位到 φ49
N180	Z-40;	精加工 φ49
N190	G00 G40 X52;	取消刀具半径补偿
N200	G00 X100;	径向快速退刀至 X100
N210	Z100;	轴向快速退刀至 Z100
N220	T0303;	选择外切槽刀
N230	S500;	主轴转速，500 r/min
N240	G00 X53 Z-35;	快速定位
N250	G01 X38 F60;	粗加工 φ38 的槽
N260	G04 P2;	槽底停留 2 s
N270	X53;	X 方向退出刀具
N280	Z-32;	Z 方向移至 Z-32 处
N290	X38;	加工 φ38 的槽
N300	G04 P2;	槽底停留 2 s
N310	X53;	X 方向退出刀具
N320	Z-30;	Z 方向移至 Z-30 处
N330	X38;	加工 φ38 的槽
N340	G04 P2;	槽底停留 2S
N350	Z-35;	精加工槽
N360	X48;	X 方向退刀定位
N370	W-2;	Z 方向退刀定位
N380	X44 W2;	倒角 C2
N390	X48;	X 方向退刀定位
N400	Z-28;	Z 方向退刀定位
N410	X44 W-2;	倒角 C2
N420	G00 X100;	径向快速退刀至 X100

续表

程序名 O0002		零件左端外圆加工程序
程序段号	程序内容	说明
N430	Z100;	轴向快速退刀至 Z100
N440	M05;	主轴停转
N450	M30;	程序结束并返回程序开头

程序名 O0003		零件右端加工程序
程序段号	程序内容	说明
	%0102;	程序头
N10	M03 S1000;	主轴正转，1 000 r/min（粗加工）
N20	T0101;	选择外圆粗车刀
N30	G00 X52 Z××;	快速定位，靠近工件毛坯（调头之后重新对刀，车削右端面，略大于测量的零件总长实际值 2～3 mm）
N40	G71 U1.5 R1 P110 Q240 X0.5 Z0 F150;	G71 复合循环指令
N50	G00 X100 Z100;	快速退刀
N60	T0202;	选择外圆精车刀
N70	M05;	主轴停转
N80	M00;	主程序暂停
N90	M03 S1800;	主轴正转，1800 r/min（精加工）
N100	G00 G41 X52 Z2;	快速定位，靠近工件毛坯；加入刀具半径补偿，快速定位至工件右端面 Z2
N110	G01 Z0 F120;	精加工轮廓起始行 ns
N120	X24;	右端面循环车削
N130	X26 Z-1;	倒角 C1
N150	G01 Z-20;	精加工 $\phi 26$
N160	X28;	精加工 $\phi 28$
N170	X28.2 W-1;	倒角 C1
N180	X30 Z-30;	精加工圆锥面
N190	X32;	精加工 $\phi 32$
N200	X34 W-1;	倒角 C1
N210	W-3.771;	精加工 $\phi 34$
N220	G02 X39.25 Z-39.732 R6;	精加工圆弧 R6
N230	G03 X48 W-8.268 R10;	精加工圆弧 R10

续表

程序名 O0003		零件右端加工程序
程序段号	程序内容	说明
N240	G01 W-7;	精加工 $\phi 48$
N250	G00 G40 X52;	取消刀具半径补偿
N260	G00 X100;	径向快速退刀至X100
N270	Z100;	轴向快速退刀至Z100
N280	S400;	主轴转速，400 r/min
N290	T0303;	选择外切槽刀
N300	G00 X30;	X方向定位
N310	Z-18;	切槽刀左刀尖点进刀至Z-18处
N320	G01 X23 F50;	车槽至 $\phi 23$
N330	G04 P2;	暂停2 s
N340	G00 X30;	退刀
N350	W1;	向右进刀一个刀宽位
N360	G01 X23 F40;	车槽至 $\phi 23$
N370	G04 P2;	暂停2S
N380	G00 X100;	径向快速退刀至X100
N390	Z100;	轴向快速退刀至Z100
N400	T0404;	选择外螺纹车刀
N410	G00 X30;	X方向定位
N420	Z2;	进刀至螺纹加工起点
N430	G82 X25.2 Z-19 F2;	G82螺纹循环加工
N440	G82 X24.6 Z-19 F2;	
N450	G82 X24.2 Z-19 F2;	
N460	G82 X24.05 Z-19 F2;	
N470	G82 X24.05 Z-19 F2;	
N480	G00 X100;	径向快速退刀至X100
N490	Z100;	轴向快速退刀至Z100
N500	M05;	主轴停止
N510	M30;	程序结束并返回程序开头

（四）零件检测及评分

典型零件图（一）评分标准见表4-1-7。

表 4-1-7 典型零件图（一）评分标准

工种		编号		学号			总得分		
批次		机床编号		姓名					
序号	考核项目	考核内容及要求		配分	评分标准	检测结果	扣分	得分	
		数控车题		合(70分)					
1	外轮廓（33）	$\phi23$	$^{\ 0}_{-0.1}$	1	超差不得分				
2		$\phi26^{\ 0}_{-0.04}$	IT	2	每超差0.01扣1分				
3		$\phi34^{\ 0}_{-0.04}$	IT	2	每超差0.01扣1分				
4		$\phi38^{\ 0}_{-0.05}$	IT	2	每超差0.01扣1分				
5		$\phi44^{\ 0}_{-0.04}$	IT	2	每超差0.01扣1分				
6		$\phi48^{\ 0}_{-0.04}$	IT	2	每超差0.01扣1分				
7		18	±0.1	1	超差不得分				
8		2	±0.1	1	超差不得分				
9		8	±0.1	1	超差不得分				
10		30	±0.1	1	超差不得分				
11		1:5	IT	2	超差不得分				
12		R6	IT	2	超差不得分				
13		R10	IT	2	超差不得分				
14		R2.5	IT	2	超差不得分				
15		R1	IT	1	超差不得分				
16		C1	IT	1	一处未倒扣1分				
17		C2	IT	2	一处未倒扣1分				
18		锐角倒钝C0.5	IT	2	一处未倒扣1分				
19		Ra1.6	IT	4	超差一处扣0.5分				
20	外螺纹（10）	M26×1.5-6g	IT	10	合格给10分				
21		表面粗糙度	IT		不合格扣2分				
22		大径	IT		不合格扣2分				
23		螺距	IT		不合格扣2分				
24		牙型	IT		不合格扣2分				
25		14	IT		不合格扣2分				
26	内轮廓（9）	$\phi34^{+0.04}_{\ 0}$	IT	2	每超差0.01扣1分				
27		10	±0.1	1	超差不得分				
28		20°	IT	2	超差不得分				

续表

工种		编号		学号				总得分	
批次		机床编号		姓名					
序号	考核项目	考核内容及要求	配分		评分标准		检测结果	扣分	得分
数控车题			合（70分）						
29	内轮廓（9）	R2.5	IT	2	超差不得分				
30		C1	IT	1	一处未倒扣1分				
31		Ra1.6	IT	1	超差一处扣0.5分				
32	内螺纹（10）	M30×1.5-6H	IT	10	合格给10分				
33		表面粗糙度	IT		不合格扣2分				
34		大径	IT		不合格扣2分				
35		螺距	IT		不合格扣2分				
36		牙型	IT		不合格扣2分				
37		10	IT		不合格扣2分				
38	全长及表面质量（8）	88±0.05	IT	3	每超差0.02扣1分				
39		整体表面质量	IT	5	一般扣2分				
40			IT		差或未完成扣5分				
规范操作、文明生产、加工工艺			合（30分）						
1	文明生产规范操作	(1) 着装规范，未受伤； (2) 刀具、工具、量具的放置正确； (3) 工件装夹、刀具安装规范； (4) 正确使用量具； (5) 卫生、设备保养； (6) 关机后机床停放位置合理； (7) 发生重大安全事故、严重违反操作规程者，取消考试； (8) 服从安排； (9) 开机前的检查和开机顺序正确； (10) 正确对刀，回参考点，建立工件坐标系； (11) 正确仿真校验			总扣15分 每违反一条酌情扣1分，扣完为止				
2	工艺分析	(1) 工件定位和夹紧不合理； (2) 加工顺序不合理； (3) 刀具选择不合理； (4) 关键工序错误； (5) 刀具有损坏			总扣15分 每违反一条酌情扣1分，扣完为止				
记录员		监考人		检验员			考评人		

（五）操作数控车床，完成零件实际加工

零件加工步骤如下。

（1）检查坯料尺寸。

（2）按顺序打开机床，并将机床回参考点。

（3）装夹刀具与工件。

把外圆粗车刀、外圆精车刀、切槽刀、外螺纹车刀、内孔粗车刀、内孔精车刀、内螺纹车刀按要求依次装入 T01～T07 号刀位，但是数控车床现在只有 4 个刀位，所以加工时用到哪些刀具就装哪些车刀，用完之后拆下，但是一定要注意刀具的刀位号。

安装切断刀、内螺纹车刀时，应注意使刀头垂直于工件轴线。安装内螺纹车刀时需要借助角度样板。

（4）手动对刀，建立工件坐标系。

外圆车刀采用试切法对刀。调头装夹后外圆车刀、内孔车刀和内螺纹车刀仍然采用试切法对刀。其中，内螺纹车刀取刀尖为刀位点。

Z 轴对刀：主轴停止转动，移动内螺纹车刀与工件右端面平齐，用目测方式或者借助金属直尺。在对应的刀具号的长度补偿中输入"0"。

X 轴对刀：主轴正转，移动内螺纹车刀，试切内孔长 3～5 mm，刀具沿＋Z 方向退出。测量孔径直径，在对应的刀具号的直径补偿中输入直径值。

零件需要调头加工，调头之后重新对刀。车削端面，试切长度值略大于测量的零件总长实际值 2～3 mm，对刀时，要注意零件总长。

特别注意事项如下。

① 调头装夹工件时，应该用铜皮包裹住外圆，以防止损坏已加工外圆表面。

② 安装内螺纹车刀时，车刀刀尖要对准工件旋转中心，装得过高，车削时容易振动；装得过低，则刀头下部与工件容易发生碰撞。

③ 车削前，应该调试内孔车刀及内螺纹车刀，以防止刀体、刀杆与内孔发生干涉。

④ 调头装夹加工，所有刀具都应该重新对刀。

（5）输入程序。

（6）锁住机床，校验程序。

（7）程序校验无误后，开始加工。

（8）加工完成后，按照图纸检查零件。

（9）检查无误后，关机，清扫机床。

五、任务总结评价

（一）自我评估

针对能力目标，对自己在任务实施过程中的表现给出分数（满分100分）并用A（优秀）、B（良好）、C（合格）、D（不合格）给出评价等级。

知识与能力	
问题与建议	
自我打分：____分	评价等级：____级

（二）小组评价

小组同学对该同学在任务实施过程中的表现给出分数（单项0～20分），并按上述定义予以客观、合理评价。

独立工作能力	学习创新能力	小组发挥作用	任务完成	其他
____分	____分	____分	____分	____分
五项总计得分：____分			评价等级：____级	

（三）教师评价

指导教师根据学生在学习及任务实施过程中的工作态度、综合能力、任务完成情况予以评价。

_____
_____
_____
_____

得分：____分，评价等级：____级

（四）任务综合评价

姓名		小组		指导教师		班	
						年　月　日	
项目	评价标准		评价依据	自评	小组评	教师评	小计分
专业能力	（1）车削加工工艺制定正确，切削用量选择合理； （2）程序正确、简单、规范； （3）刀具选择及安装正确、规范； （4）工件找正及安装正确、规范； （5）工件加工完整、正确； （6）有独立的工作能力和创新意识		（1）操作准确、规范； （2）工作任务完成的程度及质量； （3）独立工作能力； （4）解决问题能力	0～25分	0～25分	0～50分	（自评＋小组评＋教师评）×0.6
			权重 0.6				
职业素养	（1）遵守规章制度，劳动纪律； （2）积极参加团队作业，有良好的协作精神； （3）能综合运用知识，有较强的学习能力和信息分析能力； （4）自觉遵守6S要求		（1）遵守纪律； （2）工作态度； （3）团队协作精神； （4）学习能力； （5）6S要求	0～25分	0～25分	0～50分	（自评＋小组评＋教师评）×0.4
			权重 0.4				
评价	A（优秀）：90～100分 B（良好）：70～89分 C（合格）：60～69分 D（不合格）：59分及以下		能力＋素养总计得分				分
			等级				级

六、技能拓展

编制图 4-1-4 所示零件的加工程序，零件毛坯为 φ53 mm×105 mm 棒料，材料为铝合金，操作数控车床完成零件的实际加工（此部分可另附纸填写）。

项目四 典型零件加工

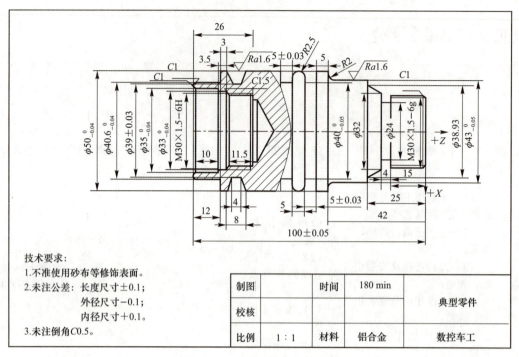

图 4-1-4 典型零件加工图

（一）加工工艺分析

（1）分析零件图。

（2）确定加工方案及加工工艺路线。

加工方案：

加工工艺路线：

（二）实施设施准备

工、量、刃具清单

工、量、刃具清单				精度/mm	单位	数量
种类	序号	名称	规格			
工具	1					
	2					
	3					
	4					
	5					
	6					
	7					
	8					
量具	1					
	2					
	3					
	4					
	5					
	6					
	7					
	8					
	9					
刃具	1					
	2					
	3					
	4					
	5					
	6					
	7					
	8					
	9					

（三）编制加工工艺卡片

零件加工刀具卡

产品名称或代号				零件名称		零件图号	
序号	刀具号	刀具名称	数量	加工表面	刀尖半径 R/mm	刀尖方位 T	备注
编制		审核		批准	日期	共 页	第 页

零件加工工序卡

单位名称		产品名称或代号		零件名称		零件图号	
工序号	程序编号	夹具名称		使用设备		车间	
工步号	工步内容	刀具号	刀片规格 R/mm	主轴转速 n/(r·min^{-1})	进给速度 V_f/(mm·min^{-1})	切削深度 a_p/mm	备注
编制		审核	批准		日期	共 页	第 页

零件加工程序单

程序名			
程序段号	程序内容		说明

（四）操作数控车床，完成零件实际加工

任务 4-2　典型零件加工（二）

一、任务要求

典型零件图（二）和三维实体图如图 4-2-1 所示。

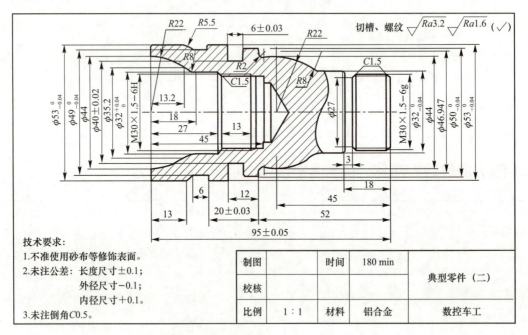

图 4-2-1　典型零件图（二）和三维实体图

（1）会识读零件图样。

（2）会进行尺寸计算。

（3）会选择各种加工表面的相应刀具。

（4）会识别各类工、量、刀具。

(5) 掌握内螺纹加工工艺的制定。

二、学习目标

(1) 掌握一般轴类零件的加工方法。
(2) 掌握内孔车刀刀具干涉方法。
(3) 掌握有孔轴类零件的加工方法。
(4) 能操作数控车床加工出典型零件。

三、知识准备

（一）数控车床轴类零件常用工具、量具

(1) 数控车床一般所需工具，如表 4-2-1 所示。

表 4-2-1　数控车床常用工具

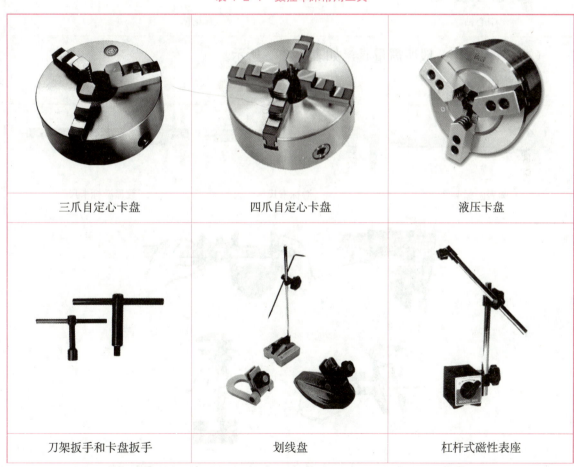

| 三爪自定心卡盘 | 四爪自定心卡盘 | 液压卡盘 |
| 刀架扳手和卡盘扳手 | 划线盘 | 杠杆式磁性表座 |

项目四　典型零件加工

续表

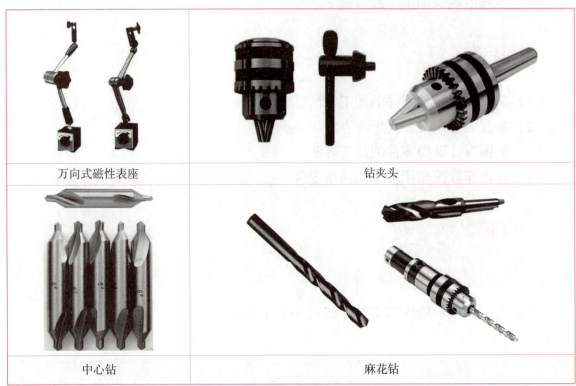

万向式磁性表座	钻夹头
中心钻	麻花钻

（2）数控车床一般所需量具，如表 4-2-2 所示。

表 4-2-2　数控车床常用量具

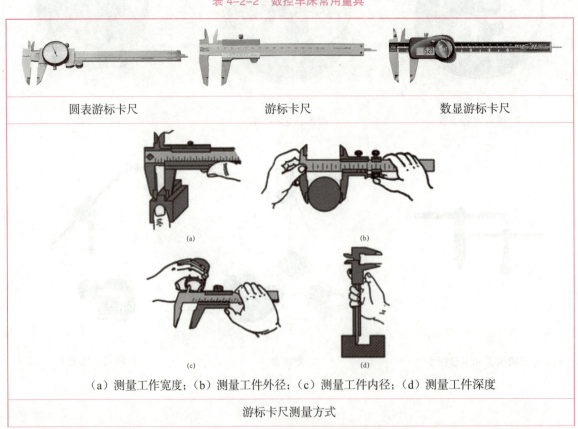

圆表游标卡尺	游标卡尺	数显游标卡尺

（a）测量工作宽度；（b）测量工件外径；（c）测量工件内径；（d）测量工件深度

游标卡尺测量方式

续表

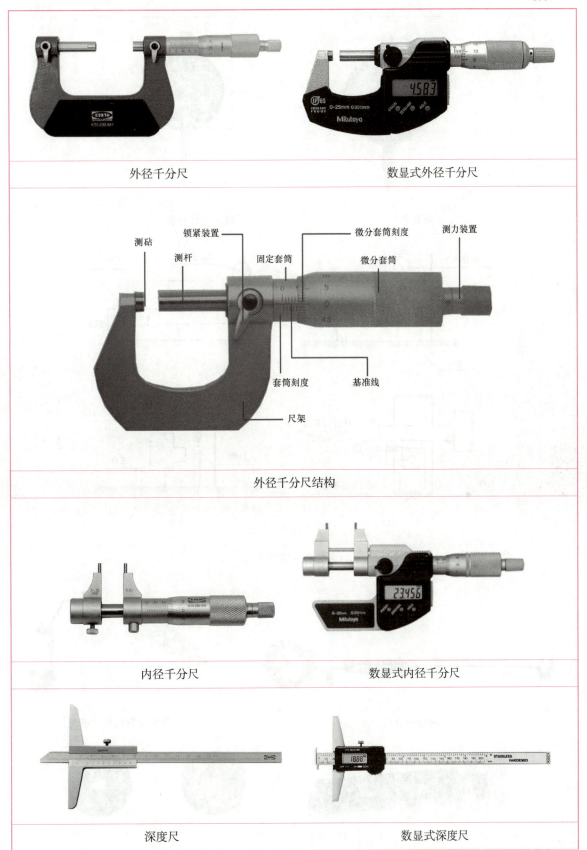

外径千分尺	数显式外径千分尺
外径千分尺结构	
内径千分尺	数显式内径千分尺
深度尺	数显式深度尺

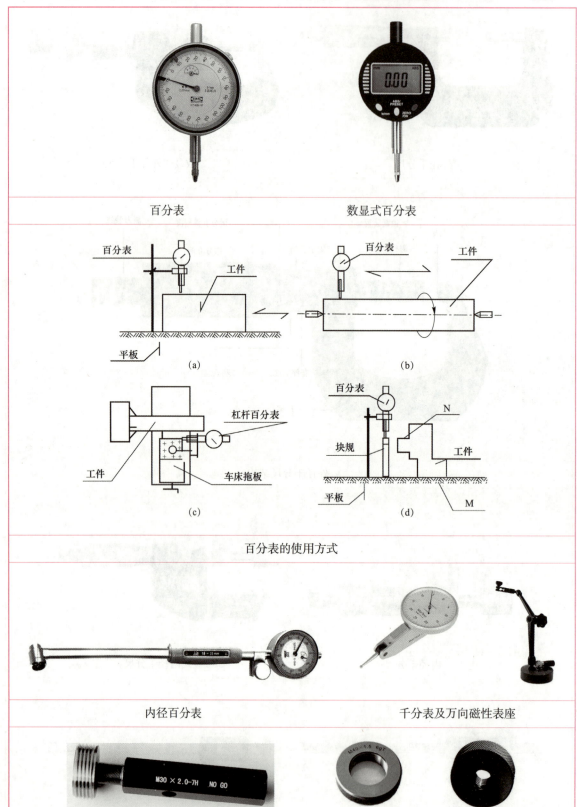

续表

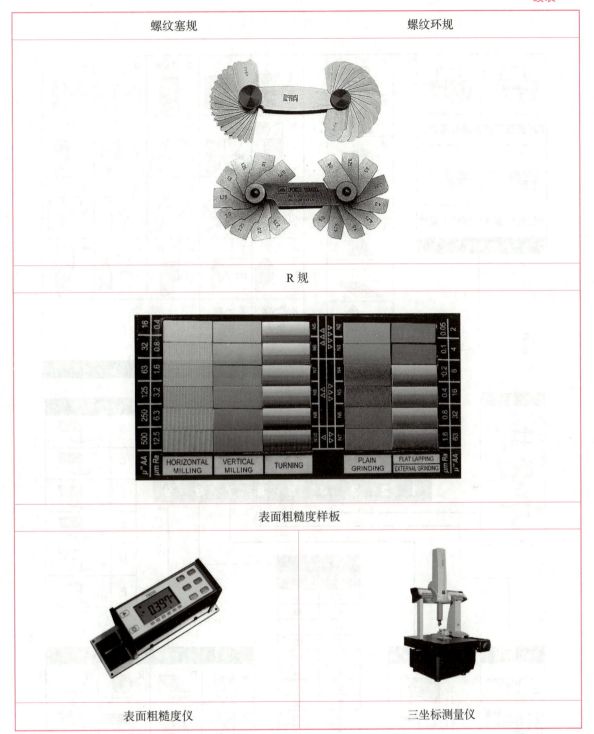

螺纹塞规	螺纹环规
R规	
表面粗糙度样板	
表面粗糙度仪	三坐标测量仪

（二）数控车床轴类零件车削常用刀具

机床刀架情况：前置刀架，4工位刀架。

（1）外圆车刀型号说明，如图4-2-2所示。

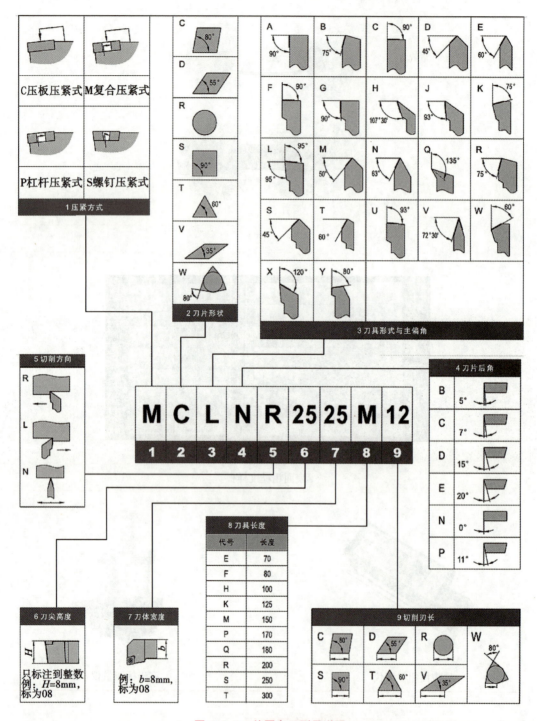

图 4-2-2 外圆车刀型号说明

正前角外圆车刀如图 4-2-3、图 4-2-4 所示。说明：车刀方柄（20×20×125）规格见表 4-2-3。

表 4-2-3　车刀方柄规格（单位：mm）

h	b	H	F	L
20	20	20	25	125

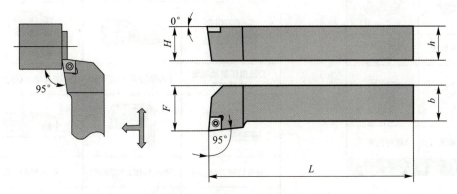

刀尖角80°、主偏角95°（粗加工）

图 4-2-3　车刀粗加工角度

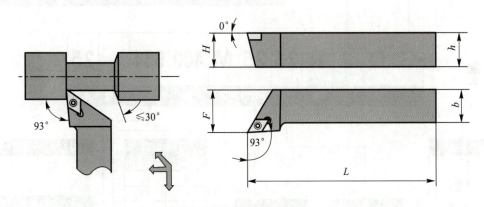

刀尖角35°、主偏角95°（精加工）

图 4-2-4　车刀精加工角度

（2）切断（槽）刀型号说明，如图 4-2-5 所示。

项目四 典型零件加工

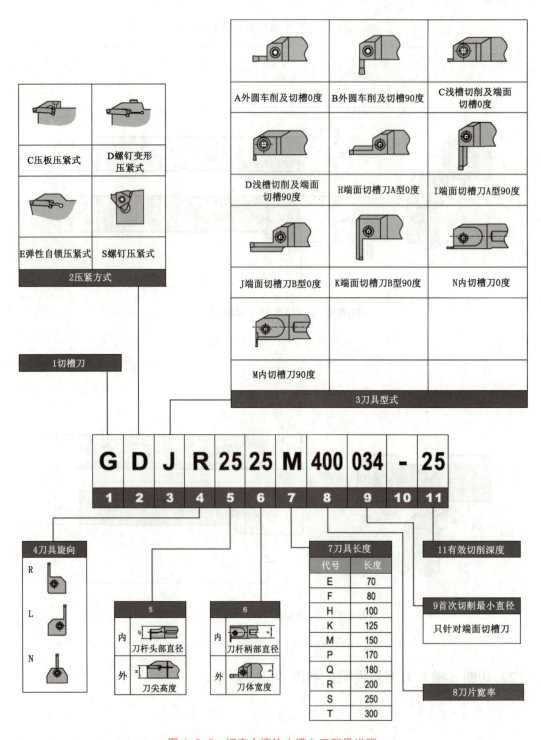

图 4-2-5 切安内镗外（槽）刀型号说明

外切槽刀如图 4-2-6 所示。说明：车刀方柄（20×20×125）规格见表 4-2-4。

表 4-2-4　车刀方柄规格（单位：mm）

W	T_{max}	h	b	H	F	L
3	10	20	20	20	20.3	125

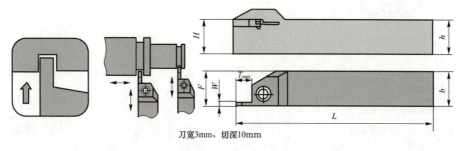

图 4-2-6　外切槽刀

内切槽刀如图 4-2-7 所示。说明：车刀方柄（18×20×180）规格见表 4-2-5。

表 4-2-5　车刀方柄规格（单位：mm）

W	T_{max}	h	d	F	L	D_{min}
3	6	18	20	16	180	25

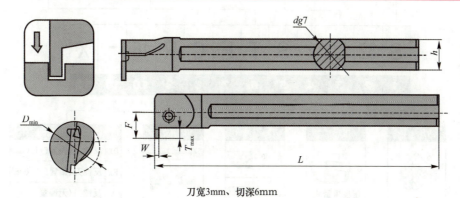

刀宽3mm、切深6mm

图 4-2-7　内切槽刀

端面切槽刀如图 4-2-8 所示。说明：车刀方柄（20×20×150）规格见表 4-2-6。

表 4-2-6　车刀方柄规格（单位：mm）

W	T_{max}	D_{min}～D_{max}	b	h	H	F	L
4	20	132～230	20	20	20	25.6	150

（3）内孔车刀型号说明如图 4-2-9 所示。

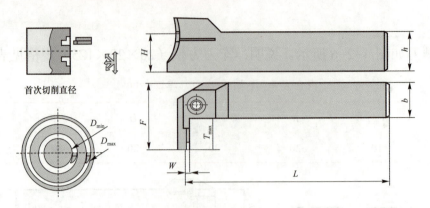

图 4-2-8 端面切槽刀

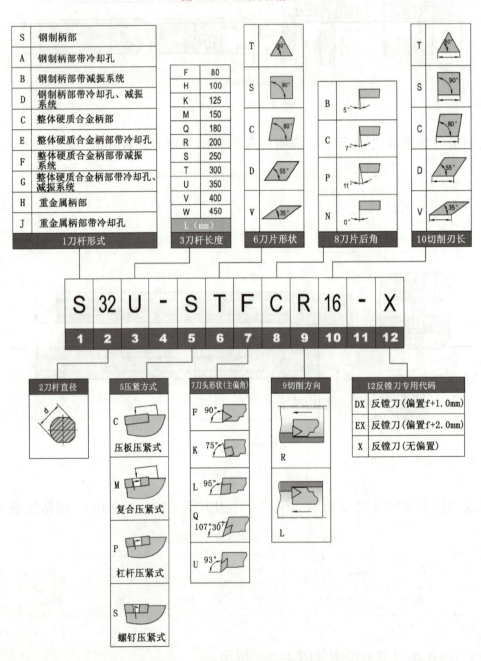

图 4-2-9 内孔车刀型号说明

正前角内孔车刀如图 4-2-10、图 4-2-11 所示。说明：车刀方柄（15×16×150）规格见表 4-2-7。

表 4-2-7　车刀方柄规格（单位：mm）

D_{min}	d	h	F	L
20	16	15	11	150

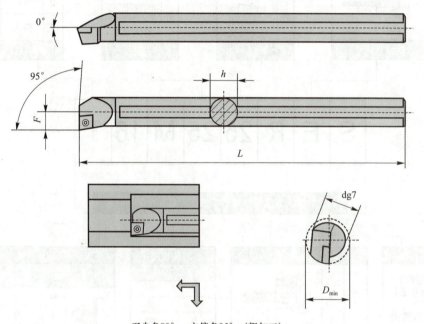

刀尖角80°，主偏角95°（粗加工）

图 4-2-10　正前角内孔车刀（粗加工）

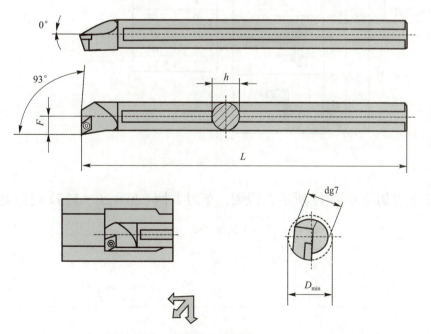

刀尖角35°，主偏角93°（精加工）

图 4-2-11　正前角内孔车刀（精加工）

（4）螺纹车刀型号说明，如图4-2-12所示。

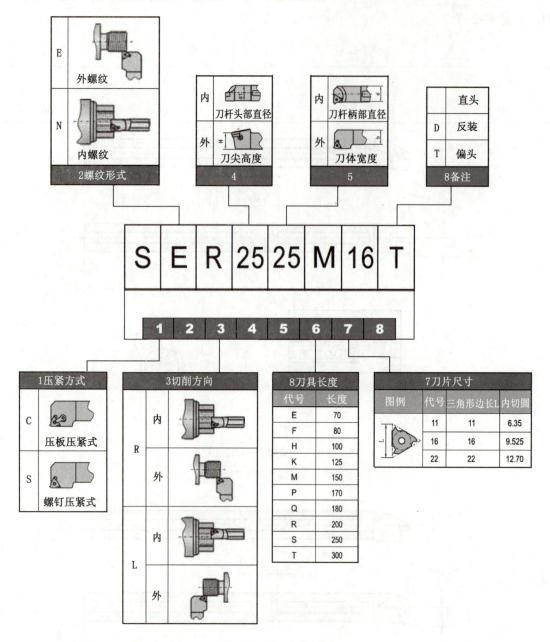

图4-2-12 螺丝车刀型号说明

外螺纹车刀如图4-2-13所示。说明：车刀方柄（20×20×125）规格见表4-2-8。

表4-2-8 车刀方柄规格（单位：mm）

h	b	H	F	L
20	20	20	25	125

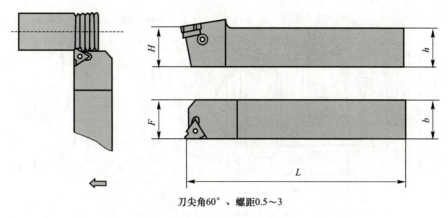

刀尖角60°、螺距0.5~3

图 4-2-13 外螺纹车刀

内螺纹车刀如图4-2-14所示。说明：车刀方柄（18×20×150）规格见表4-2-9。

表 4-2-9 车刀方柄规格（单位：mm）

d_1	d	F	L	h	D_{min}	l_1
16	20	11.7	150	18	25	125

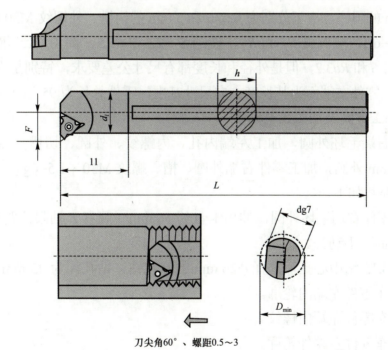

刀尖角60°、螺距0.5~3

图 4-2-14 内螺纹车刀

四、任务实施

编制图4-2-15所示零件的加工程序，零件毛坯为ϕ55 mm×120 mm棒料，材料为铝合金，操作数控车床完成零件的实际加工。

项目四　典型零件加工

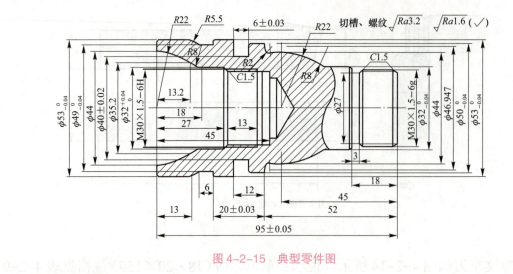

图 4-2-15　典型零件图

（一）加工工艺分析

1. 分析零件图

该零件由外圆直径分别为 ϕ53 mm、ϕ50 mm、ϕ40 mm、ϕ32 mm 圆柱，以及内孔直径为 ϕ32 mm 的圆柱、槽宽分别为 6 mm 和 3 mm 的沟槽、外螺纹 M30×1.5-6g、内螺纹 M30×1.5-6H、顺圆弧 R2 和 R8、逆圆弧 R22 和 R5.5、倒角 C1.5 等组成。其表面粗糙度为 Ra1.6 和 Ra3.2，但是外径和长度都有尺寸公差要求，特别是直径尺寸公差精度要求很高。零件右端面为其长度方向尺寸基准，零件总长为 95±0.05 mm。

2. 确定加工方案及加工工艺路线

夹住零件右端毛坯外圆，加工左端内孔、内螺纹、外圆、切槽；然后调头夹住零件左端 ϕ53 mm 外圆，加工零件右端外圆、槽、螺纹 M30×1.5-6g。

加工工艺路线如下。

（1）夹持零件右端毛坯外圆，伸出卡盘约 50 mm（观察 Z 轴限位距离）。

① 车左端面（手动）。

② 选择 A3.15 钻中心孔，选择 ϕ26 mm 的麻花钻，钻孔深为 45 mm（手动）。

③ 粗、精车零件左端内轮廓。

④ 粗、精车零件左端内螺纹。

⑤ 粗、精车零件左端外轮廓。

⑥ 切槽。

（2）夹住零件左端 ϕ53 mm 外圆。

① 车右端面（手动）。

② 粗、精车外轮廓。

③ 切槽。

④ 粗、精车外螺纹。

（二）实施设施准备

设备型号：凯达 CK6136S 数控车床。

毛坯：ϕ55 mm×98 mm 尼龙棒。

选择工、量、刃具，清单见表 4-2-10。

表 4-2-10　工、量、刃具清单

种类	序号	名称	规格	精度 / mm	单位	数量
工具	1	三爪自定心卡盘			个	1
	2	卡盘扳手			副	1
	3	刀架扳手			副	1
	4	垫刀片	0.5～2 mm		块	若干
	5	划线盘			个	1
	6	磁性表座			个	1
	7	钻夹头			个	1
	8	内孔刀夹套			个	2
量具	1	游标卡尺	0～150 mm	0.02	把	1
	2	外径千分尺	25～50 mm	0.01	把	1
	3	内径千分尺	18～35 mm	0.01	把	1
	4	内径百分表	ϕ18～ϕ35	0.01	把	1
	5	表面粗糙度样板	1.6，3.2		套	2
	6	百分表	0～10 mm	0.01	只	1
	7	螺纹塞规	M30×1.5-6H			
	8	螺纹环规	M26×1.5-6g			
	9	R 规	R2、R5.5、R8、R22			
刃具	1	外圆粗车刀	95°		把	1
	2	外圆精车刀	93°		把	1
	3	外切槽刀	刀宽 3 mm，切深 10 mm		把	1
	4	外螺纹车刀	60°		把	1
	5	内孔粗车刀	95°		把	1
	6	内孔精车刀	93°		把	1
	7	内螺纹车刀	60°		把	1
	8	中心钻	A3.15			
	9	麻花钻	ϕ23 mm		把	1

（三）编制加工工艺卡片

工艺卡片见表4-2-11～表4-2-14。

表4-2-11 零件加工刀具卡

产品名称或代号			零件名称	典型零件（二）	零件图号	
序号	刀具号	刀具名称	数量	加工表面	刀尖半径 R/mm	刀尖方位 T	备注
1	T01	95°硬质合金外圆粗车刀	1	粗车外轮廓	0.8	3	刀尖角80°
2	T02	93°硬质合金外圆精车刀	1	精车外轮廓	0.4	3	刀尖角35°
3	T03	硬质合金切槽刀	1	切退刀槽			刀宽3 mm
4	T04	60°硬质合金外螺纹车刀	1	车螺纹			刀尖角60°，螺距0.5～3
5		A3中心钻	1	钻A3中心孔			安装在尾座套筒内
6		φ26 mm麻花钻	1	钻φ23孔			安装在尾座套筒内
7	T05	95°硬质合金内孔粗车刀	1	粗车内轮廓	0.8		刀尖角80°
	T06	93°硬质合金内孔精车刀	1	精车内轮廓	0.4		刀尖角35°
	T07	60°硬质合金内螺纹车刀	1	车内螺纹			刀尖角60°，螺距0.5～3
编制		审核	批准	日期		共 页	第 页

表4-2-12 零件左端加工工序卡

单位名称		产品名称或代号		零件名称		零件图号	
				典型零件（二）			
工序号	程序编号	夹具名称		使用设备		车间	
		三爪自定心卡盘		CK6136S数控车床		数控实训基地	
工步号	工步内容	刀具号	刀片规格 R/mm	主轴转速 $n/(\text{r}\cdot\text{min}^{-1})$	进给速度 $V_f/(\text{mm}\cdot\text{min}^{-1})$	切削深度 a_p/mm	备注
1	车端面	T01	0.8	1000	80	1.5	
2	钻中心孔			500	100	1.0	
3	钻孔			400	50	8	
4	粗加工内轮廓，留0.5 mm精加工余量	T05	0.8	1 000	150	1.5	
5	精车内孔至尺寸	T06	0.4	1 800	120	0.5	

续表

单位名称		产品名称或代号		零件名称		零件图号	
				典型零件（二）			
工序号	程序编号	夹具名称		使用设备		车间	
		三爪自定心卡盘		CK6136S 数控车床		数控实训基地	
6	粗、精内螺纹至尺寸	T07		400	1.5	0.02～0.8	螺纹导程 1.5 mm
7	粗加工外轮廓，留 0.5 mm 精加工余量	T01	0.8	1 000	150	1.5	
8	精加工外轮廓至尺寸	T02	0.4	1 800	120	0.5	
9	车槽	T03	3	500	50	4	
编制		审核		批准		日期	共 页 第 页

表 4-2-13 零件右端加工工序卡

单位名称		产品名称或代号		零件名称		零件图号	
				典型零件（二）			
工序号	程序编号	夹具名称		使用设备		车间	
		三爪自定心卡盘		CK6136S 数控车床		数控实训基地	
工步号	工步内容	刀具号	刀片规格 R/mm	主轴转速 n/(r·min⁻¹)	进给速度 V_f/(mm·min⁻¹)	切削深度 a_p/mm	备注
1	车端面	T01	0.8	1 000	80	1.5	
2	粗加工外轮廓，留 0.5 mm 精加工余量	T01	0.8	1 000	150	1.5	
3	精加工外轮廓至尺寸	T02	0.4	1 800	120	0.5	
4	车槽	T03	3	500	50	4	
5	粗、精外螺纹至尺寸	T04		400	1.5	0.02～0.8	
编制		审核		批准		日期	共 页 第 页

表 4-2-14 零件加工程序单

程序名 O0001		零件左端内孔加工程序
程序段号	程序内容	说明
	%0101	程序头
N10	M03 S1000	主轴正转，1 000 r/min（粗加工）
N20	T0505	选择内孔粗车刀
N30	G00 X26 Z2	快速定位，靠近工件毛坯

续表

程序名 O0001		零件左端内孔加工程序
程序段号	程序内容	说明
N40	G71 U1.5 R1 P120 Q170 X−0.5 Z0 F150；	G71 复合循环指令
N50	G00 X26；	快速退刀
N60	Z100；	
N70	T0606；	选择内孔精车刀
N80	M05；	主轴停转
N90	M00；	主程序暂停
N100	M03 S1800；	主轴转速，1 800 r/min（精加工）
N110	G01 G41 Z0 F60；	加入刀具半径补偿，快速定位至工件右端面 Z0
N120	G01 X44 F120；	精加工轮廓起始行 ns
N130	G02 X35.2 Z−13.2 R22；	精加工 $R22$ 圆弧
N140	G03 X32 Z−18 R5.5；	精加工 $R5.5$ 圆弧
N150	G01 Z−26；	精加工内孔直径 $\phi32$
N160	X28.052 W−1.5；	倒角 $C1.5$
N170	Z−45；	精加工 $\phi28.052$
N180	G00 G40 X26；	取消刀具半径补偿
N190	Z100；	轴向快速退刀至 Z100
N200	T0707；	选择内螺纹车刀
N210	S400；	主轴转速，400 r/min
N220	G00 X28 Z−25；	加工螺纹前快速定位
N230	G82 X28.05 W−13 F1.5；	内螺纹循环加工
N240	G82 X28.6 W−13 F1.5；	
N250	G82 X29 W−13 F1.5；	
N260	G82 X29.4 W−13 F1.5；	
N270	G82 X29.8 W−13 F1.5；	
N280	G82 X30 W−13 F1.5；	
N290	G00 X26；	径向快速退刀至 X26
N300	Z100；	轴向快速退刀至 Z100
N310	M05；	主轴停止
N320	M30；	程序结束并返回程序开头

程序名 O0002		零件左端外圆加工程序
程序段号	程序内容	说明
	%0102；	程序头
N10	M03 S1000；	主轴正转，1 000 r/min（粗加工）
N20	T0101；	选择外圆粗车刀

续表

程序名 O0002		零件左端外圆加工程序
程序段号	程序内容	说明
N30	G00 X57 Z2;	快速定位，靠近工件毛坯
N40	G71 U1.5 R1 P110 Q180 X0.5 Z0 F150;	G71 复合循环指令
N50	G00 X100 Z100;	快速退刀
N60	T0202;	选择外圆精车刀
N70	M05;	主轴停转
N80	M00;	主程序暂停
N90	M03 S1800;	主轴转速 1800 r/min（精加工）
N100	G01 G41 X56 Z0 F60;	加入刀具半径补偿，快速定位至工件右端面 Z0
N110	G01 X52 F120;	精加工轮廓起始行 ns
N120	X53 Z−0.5;	倒角 $C0.5$
N130	G01 Z−13;	精加工 $\phi 53$ 阶梯轴
N140	G03 X49 W−4 R5.5;	圆弧精加工
N150	G01 W−6;	定位到 $\phi 49$
N160	X52;	精加工 $\phi 52$
N170	X53 W−0.5;	倒角 $C0.5$
N180	Z−50;	精加工 $\phi 53$ 至 Z−50
N190	G00 G40 X54;	取消刀具半径补偿
N200	G00 X100;	径向快速退刀至 X100
N210	Z100;	轴向快速退刀至 Z100
N220	T0303;	选择 3 号切槽刀
N230	S500;	主轴转速，500 r/min
N240	G00 X57;	快速定位
N250	Z−37;	
N260	G01 X40 F50;	粗加工 $\phi 40$ 槽
N270	G04 P2;	槽底停留 2 s
N280	X57;	X 方向退出刀具
N290	W3;	Z 方向移至 Z−34 处
N300	G01 X40 F50;	粗加工 $\phi 40$ 槽
N310	G04 P2;	槽底停留 2 s
N320	G01 Z−37;	精加工槽底
N330	G00 X57;	
N340	Z−30.5;	快速定位至 Z−30.5
N350	G01 X53 F50;	切削至 $\phi 53$ 外圆面
N360	X52 W−0.5;	倒角 $C0.5$

续表

程序名 O0002		零件左端外圆加工程序
程序段号	程序内容	说明
N370	G00 X100;	径向快速退刀至 X100
N380	Z100;	轴向快速退刀至 Z100
N390	M05;	主轴停转
N400	M30;	程序结束并返回程序开头

程序名 O0003		零件右端加工程序
程序段号	程序内容	说明
	%0102;	程序头
N10	M03 S1000;	主轴正转，1000 r/min（粗加工）
N20	T0101;	选择外圆粗车刀
N30	G00 X57 Z××;	快速定位，靠近工件毛坯（调头之后重新对刀，车削右端面，试切长度略大于测量的零件总长实际值 2～3 mm）
N40	G71 U1.5 R1 P120 Q240 X0.5 Z0 F150;	G71 复合循环指令
N50	G00 X100;	快速退刀
N60	Z100;	
N70	T0202;	选择外圆精车刀
N80	M05;	主轴停转
N90	M00;	主程序暂停
N100	M03 S1800;	主轴正转，1800 r/min（精加工）
N110	G00 G41 X56 Z2;	快速定位，靠近工件毛坯；加入刀具半径补偿，快速定位至工件右端面 Z2
N120	G01 Z0 F120;	精加工轮廓起始行 ns
N130	X27;	右端面循环车削
N140	X30 Z-1.5;	倒角 C1.5
N150	G01 Z-18;	
N170	X31;	
N180	X32 W-0.5;	倒角 C0.5
N190	Z-27;	精加工圆锥面
N200	G02 X35.2 Z-31.8 R8;	精加工圆弧 R8
N210	G03 X43 Z-49.6 R22;	精加工圆弧 R22
N220	G02 X46.947 W-2.4 R2;	精加工圆弧 R2
N230	G01 X50;	
N240	Z-64;	精加工 $\phi 50$

续表

程序名 O0003		零件右端加工程序
程序段号	程序内容	说明
N250	G00 G40 X57;	取消刀具半径补偿
N260	G00 X100;	径向快速退刀至 X100
N270	Z100;	轴向快速退刀至 Z100
N280	S400;	主轴转速 400 r/min
N290	T0303;	选择外切槽刀
N300	G00 X30;	X 方向定位
N310	Z−18;	切槽刀左刀尖点进刀至 Z−18 处
N320	G01 X27 F50;	车槽至 φ27
N330	G04 P2;	暂停 2 s
N340	G01 X30;	退刀
N350	W1.5;	
N360	G01 X27 W−1.5 F40;	倒角 C1.5
N370	G04 P2;	暂停 2 s
N380	G00 X52;	快速退刀
N390	Z−57.5;	快速定位至 Z−57.5
N400	G01 X50;	进刀至 φ50
N410	X49 W−0.5;	倒角 C0.5
N420	G00 X100;	径向快速退刀至 X100
N430	Z100;	轴向快速退刀至 Z100
N440	T0404;	选择外螺纹刀
N450	G00 X32;	X 方向定位
N460	Z2;	进刀至螺纹加工起点
N470	G82 X29.2 Z−19 F2;	G82 螺纹循环加工
N480	G82 X28.6 Z−19 F2;	
N490	G82 X28.2 Z−19 F2;	
N500	G82 X28.05 Z−19 F2;	
N510	G82 X28.05 Z−19 F2;	
N520	G00 X100;	径向快速退刀至 X100
N530	Z100;	轴向快速退刀至 Z100
N540	M05;	主轴停止
N550	M30;	程序结束并返回程序开头

（四）评分典型零件图（二）

评分标准见表 4-2-15。

表 4-2-15 典型零件图（二）评分标准

工种		编号		学号		总得分	
考核批次		机床编号		姓名			
序号	考核项目	考核内容及要求	配分	评分标准	检测结果	扣分	得分
		数控车题		合（70分）			
1	外轮廓（32）	$\phi27_{-0.1}^{0}$	1	超差不得分			
2		$\phi32_{-0.04}^{0}$	IT	2	每超差0.01扣1分		
3		$\phi50_{-0.04}^{0}$	IT	2	每超差0.01扣1分		
4		$\phi53_{-0.04}^{0}$	IT	2	每超差0.01扣1分		
5		$\phi49\pm0.02$	IT	2	每超差0.01扣1分		
6		$\phi49_{-0.04}^{0}$	±0.1	2	每超差0.01扣1分		
7		18	±0.1	1	超差不得分		
8		6±0.03	IT	2	每超差0.01扣1分		
9		20±0.03	IT	2	每超差0.01扣1分		
10		52	±0.1	1	超差不得分		
11		R8	IT	2	超差不得分		
12		R22	IT	2	超差不得分		
13		R2	IT	2	超差不得分		
14		R5.5	IT	2	超差不得分		
15		C1.5	IT	1	一处未倒扣0.5分		
16		锐角倒钝C0.5	IT	2	一处未倒扣0.5分		
17		Ra1.6	IT	3	超差一处扣0.5分		
18	外螺纹（10）	M30×1.5-6g	IT	10	合格给10分		
19		表面粗糙度	IT	不合格扣2分			
20		大径	IT	不合格扣2分			
21		螺距	IT	不合格扣2分			
22		牙型	IT	不合格扣2分			
23		15	IT	不合格扣2分			
24	内轮廓（10）	$\phi32_{0}^{+0.04}$	IT	2	每超差0.01扣1分		
25		27	±0.1	1	超差不得分		
26		R8	IT	2	超差不得分		
27		R22	IT	2	超差不得分		
28		C1.5	IT	1	一处未倒扣0.5分		
29		Ra1.6	IT	2	超差一处扣0.5分		

续表

工种		编号		学号		总得分	
考核批次		机床编号		姓名			
序号	考核项目	考核内容及要求	配分	评分标准	检测结果	扣分	得分
数控车题				合（70分）			
30	内螺纹（10）	M30×1.5-6H	IT	10	合格给10分		
31		表面粗糙度	IT		不合格扣2分		
32		大径	IT		不合格扣2分		
33		螺距	IT		不合格扣2分		
34		牙型	IT		不合格扣2分		
35	全长及表面质量（8）	13	IT		不合格扣2分		
36		95±0.05	IT	3	每超差0.01扣1分		
37		整体表面质量	IT	5	一般扣2分		
38			IT		超差或未完成扣5分		
规范操作、文明生产、加工工艺				合（30分）			
1	文明生产规范操作	(1) 着装规范，未受伤； (2) 刀具、工具、量具的放置正确； (3) 工件装夹、刀具安装规范； (4) 正确使用量具； (5) 卫生、设备保养； (6) 关机后机床停放位置合理； (7) 发生重大安全事故、严重违反操作规程者，取消考试； (8) 服从安排； (9) 开机前的检查和开机顺序正确； (10) 正确对刀，回参考点，建立工件坐标系； (11) 正确仿真校验				总扣15分 每违反一条酌情扣0.5分，扣完为止	
2	工艺分析	(1) 工件定位和夹紧不合理； (2) 加工顺序不合理； (3) 刀具选择不合理； (4) 关键工序错误； (5) 刀具有损坏				总扣15分 每违反一条酌情扣0.5分，扣完为止	
记录员		监考人		检验员		考评人	

（五）操作数控车床，完成零件实际加工

零件加工步骤如下。

(1) 检查坯料尺寸。

(2) 按顺序打开机床，并将机床回参考点。

(3) 装夹刀具与工件。

把外圆粗车刀、外圆精车刀、切槽刀、外螺纹车刀、内孔粗车刀、内孔精车刀、内螺纹车刀按要求依次装入 T01～T07 号刀位，但是数控车床现在只有 4 个刀位，所以，加工时用到哪些刀具就装哪些车刀，用完之后拆下，但是一定要注意刀具的刀位号。

（4）手动对刀，建立工件坐标系。

零件需要调头加工，调头之后重新对刀。车削端面，试切长度值略大于测量的零件总长实际值 2～3 mm，对刀时要注意零件总长。

（5）输入程序。

（6）锁住机床，校验程序。

（7）程序校验无误后，开始加工。

（8）加工完成后，按照图纸检查零件。

（9）检查无误后，关机，清扫机床。

五、任务总结评价

（一）自我评估

针对能力目标，对自己在任务实施过程中的表现给出分数（满分 100 分）并用 A（优秀）、B（良好）、C（合格）、D（不合格）给出评价等级。

知识与能力	
问题与建议	
自我打分：____分	评价等级：____级

（二）小组评价

小组同学对该同学在任务实施过程中的表现给出分数（单项 0～20 分），并按上述定义予以客观、合理评价。

独立工作能力	学习创新能力	小组发挥作用	任务完成	其他
____分	____分	____分	____分	____分
五项总计得分：____分			评价等级：____级	

（三）教师评价

指导教师根据学生在学习及任务实施过程中的工作态度、综合能力、任务完成情况予以评价。

_____

_____

_____ 得分：____分，评价等级：____级

（四）任务综合评价

姓名		小组	指导教师		班	
					年　月　日	
项目	评价标准	评价依据	自评	小组评	教师评	小计分
专业能力	（1）车削加工工艺制定正确，切削用量选择合理； （2）程序正确、简单、规范； （3）刀具选择及安装正确、规范； （4）工件找正及安装正确、规范； （5）工件加工完整、正确； （6）有独立的工作能力和创新意识	（1）操作准确、规范； （2）工作任务完成的程度及质量； （3）独立工作能力； （4）解决问题能力	0～25分	0～25分	0～50分	（自评＋小组评＋教师评）×0.6
				权重0.6		
职业素养	（1）遵守规章制度，劳动纪律； （2）积极参加团队作业，有良好的协作精神； （3）能综合运用知识，有较强的学习能力和信息分析能力； （4）自觉遵守6S要求	（1）遵守纪律； （2）工作态度； （3）团队协作精神； （4）学习能力； （5）6S要求	0～25分	0～25分	0～50分	（自评＋小组评＋教师评）×0.4
				权重0.4		
评价	A（优秀）：90～100分 B（良好）：70～89分 C（合格）：60～69分 D（不合格）：59分及以下	能力＋素养 总计得分			分	
		等级			级	

项目四 典型零件加工

六、技能拓展

编制图 4-2-16 所示零件的加工程序，零件毛坯为 $\phi 55$ mm×120 mm 棒料，材料为铝合金，操作数控车床完成零件的实际加工（此部分可另附纸填写）。

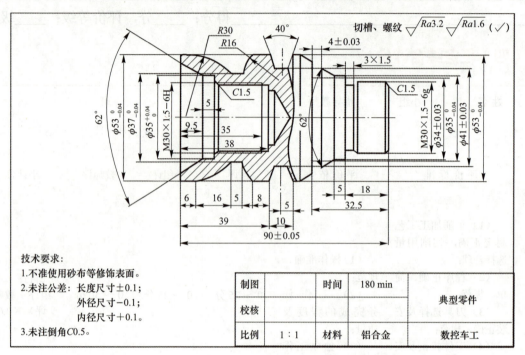

图 4-2-16 典型零件加工图

（一）加工工艺分析

1. 分析零件图

2. 确定加工方案及加工工艺路线

加工方案：

加工工艺路线：

（二）实施设施准备

工、量、刃具清单

种类	序号	名称	规格	精度/mm	单位	数量
工具	1					
	2					
	3					
	4					
	5					
	6					
	7					
	8					
量具	1					
	2					
	3					
	4					
	5					
	6					
	7					
	8					
	9					
刃具	1					
	2					
	3					
	4					
	5					
	6					
	7					
	8					
	9					

（三）编制加工工艺卡片

零件加工刀具卡

产品名称或代号				零件名称		零件图号	
序号	刀具号	刀具名称	数量	加工表面	刀尖半径 R/mm	刀尖方位 T	备注
编制		审核		批准		日期		共 页	第 页

零件加工工序卡

单位名称		产品名称或代号		零件名称		零件图号	
工序号	程序编号	夹具名称		使用设备		车间	
工步号	工步内容	刀具号	刀片规格 R/mm	主轴转速 n/(r·min^{-1})	进给速度 V_c/(mm·min^{-1})	切削深度 a_p/mm	备注
编制		审核		批准		日期		共 页	第 页

零件加工程序单

程序名		
程序段号	程序内容	说明

（四）操作数控车床，完成零件实际加工

项目五
综合零件加工

任务 5-1　综合零件加工（一）

任务 5-2　综合零件加工（二）

项目五　综合零件加工

任务 5-1　综合零件加工（一）

一、任务要求

如图 5-1-1～图 5-1-4 所示为零件图及零件配合方式图。

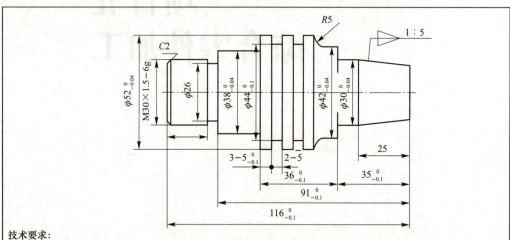

图 5-1-1　零件一和三维实体图

任务 5-1　综合零件加工（一）

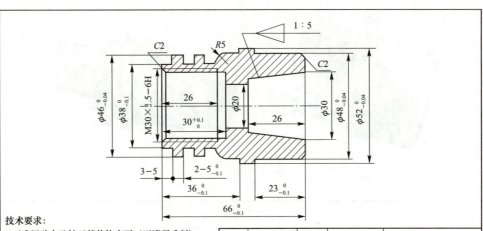

技术要求：
1.不准用砂布及锉刀等修饰表面（可清理毛刺）。
2.未注倒角C1.5。
3.零件一与零件二圆锥配合，要求接触面积不小于70%。
4.零件一与零件二螺纹配合，要求旋入灵活。

制图		时间	180 min	综合零件加工（一）
校核		图号	零件加工	
比例	1∶1	材料	铝合金	数控车工

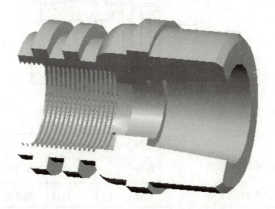

图 5-1-2　零件二和三维实体图

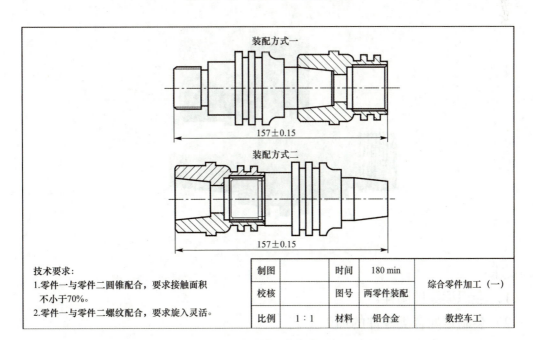

技术要求：
1.零件一与零件二圆锥配合，要求接触面积不小于70%。
2.零件一与零件二螺纹配合，要求旋入灵活。

制图		时间	180 min	综合零件加工（一）
校核		图号	两零件装配	
比例	1∶1	材料	铝合金	数控车工

图 5-1-3　零件配合方式一、二

图 5-1-3　零件配合方式一、二（续）

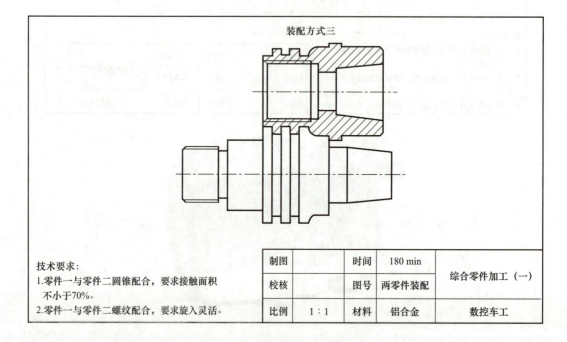

技术要求：
1. 零件一与零件二圆锥配合，要求接触面积不小于70%。
2. 零件一与零件二螺纹配合，要求旋入灵活。

制图		时间	180 min	综合零件加工（一）
校核		图号	两零件装配	
比例	1∶1	材料	铝合金	数控车工

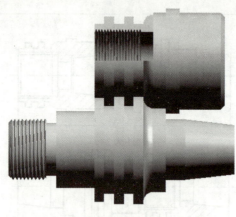

图 5-1-4　零件配合方式三

要求：

（1）会识读零件图样。

（2）会制定配合类零件的加工工艺。

（3）会编制配合类零件加工程序。

二、学习目标

（1）掌握配合类零件加工方法。
（2）掌握精度控制方法。

三、任务实施

（一）加工工艺分析

1. 分析零件图

2. 确定加工方案及加工工艺路线

加工方案：

加工工艺路线：

（二）实施设施准备

项目五　综合零件加工

工、量、刃具清单

种类	序号	名称	规格	精度/mm	单位	数量
工具	1					
	2					
	3					
	4					
	5					
	6					
	7					
	8					
量具	1					
	2					
	3					
	4					
	5					
	6					
	7					
	8					
	9					
刃具	1					
	2					
	3					
	4					
	5					
	6					
	7					
	8					
	9					

（三）编制加工工艺卡片

零件加工刀具卡

产品名称或代号		零件名称		零件图号		
序号	刀具号	刀具名称	数量	加工表面	刀尖半径 R/mm	刀尖方位 T	备注
编制		审核		批准		日期		共　页	第　页

零件加工工序卡

单位名称		产品名称或代号		零件名称		零件图号	
工序号	程序编号	夹具名称		使用设备		车间	
工步号	工步内容	刀具号	刀片规格 R/ mm	主轴转速 n/ (r·min^{-1})	进给速度 V_c/ (mm·min^{-1})	切削深度 a_p/ mm	备注
编制		审核		批准		日期		共 页		第 页

零件加工程序单

程序名		
程序段号	程序内容	说明

（四）操作数控车床，完成零件实际加工

（五）综合零件加工（一）评分标准

1. 零件一检测项目（38分）

项目	序号	检测内容		配分	评分标准	检测结果	得分
外圆	1	$\phi38_{-0.04}^{0}$	尺寸	4	超差0.01扣2分		
			$Ra1.6$	1	降一级全扣		
	2	$\phi30_{-0.04}^{0}$	尺寸	4	超差0.01扣2分		
			$Ra1.6$	1	降一级全扣		
	3	$\phi42_{-0.04}^{0}$	尺寸	4	超差0.01扣2分		
			$Ra1.6$	1	降一级全扣		
外螺纹	4	M30×1.5–6g		4	螺纹环规检测不合格全扣		
		$Ra3.2$		1	降一级全扣		
长度	5	20		1	超差不得分		
	6	$3-5_{-0.1}^{0}$		3	超差不得分		
	7	$91_{-0.1}^{0}$		2	超差不得分		
	8	$36_{-0.1}^{0}$		2	超差不得分		
	9	$35_{-0.1}^{0}$		2	超差不得分		
	10	$116_{-0.1}^{0}$		2	超差不得分		
圆弧连接	11	R5		2	超差不得分		
		$Ra1.6$		1	降一级全扣		
倒角	12	C2		1	未倒角不得分		
圆锥	13	1:5		1	超差不得分		
		$Ra1.6$		1	超差不得分		
总计							

2. 零件二检测项目（37分）

项目	序号	检测内容		配分	评分标准	检测结果	得分
外圆	1	$\phi48_{-0.033}^{0}$	尺寸	4	超差0.01扣2分		
			$Ra1.6$	2	降一级全扣		
	2	$\phi38_{-0.1}^{0}$	尺寸	4	超差0.01扣2分		
			$Ra1.6$	1	降一级全扣		
	3	$\phi52_{-0.04}^{0}$	尺寸	4	超差0.01扣2分		
			$Ra1.6$	1	降一级全扣		
内孔	4	$\phi20$	尺寸	2	超差不得分		
内螺纹	5	M30×1.5–6H		4	螺纹塞规检测不合格全扣		
		$Ra3.2$		1	降一级全扣		

续表

项目	序号	检测内容	配分	评分标准	检测结果	得分
长度	6	$66_{-0.1}^{0}$	2	超差0.05扣2分		
	7	$23_{-0.08}^{0}$	2	超差0.05扣2分		
	8	$36_{-0.1}^{0}$	2	超差0.05扣2分		
	9	$2-5_{-0.1}^{0}$	4	超差0.05扣2分		
圆弧连接	10	$R5$	2	超差不得分		
		$Ra1.6$	1	降一级全扣		
倒角	11	$C2$	1	未倒角不得分		
总计						

3. 配合后检测项目（25分）

项目	序号	检测内容	配分	评分标准	检测结果	得分
螺纹配合	1	内外螺纹配合	5	不能配合全扣		
		157 ± 0.15	5	超差不得分		
圆锥配合	2	内外圆锥配合	5	涂色检查超差不得分		
		157 ± 0.15	5	超差不得分		
配合3	3	切槽、圆弧配合	5	超差不得分		
总计						

四、任务总结评价

（一）自我评估

针对能力目标，对自己在任务实施过程中的表现给出分数（满分100分）并用A（优秀）、B（良好）、C（合格）、D（不合格）给出评价等级。

知识与能力	
问题与建议	
自我打分：____分	评价等级：____级

（二）小组评价

小组同学对该同学在任务实施过程中的表现给出分数（单项0～20分），并按上述定义予以客观、合理评价。

独立工作能力	学习创新能力	小组发挥作用	任务完成	其他
___分	___分	___分	___分	___分
五项总计得分：___分			评价等级：___级	

（三）教师评价

指导教师根据学生在学习及任务实施过程中的工作态度、综合能力、任务完成情况予以评价。

_____

_____

_____ 得分：___分，评价等级：___级

（四）任务综合评价

姓名	小组	指导教师	班			
			年　月　日			
项目	评价标准	评价依据	自评	小组评	教师评	小计分
专业能力	（1）车削加工工艺制定正确，切削用量选择合理； （2）程序正确、简单、规范； （3）刀具选择及安装正确、规范； （4）工件找正及安装正确、规范； （5）工件加工完整、正确； （6）有独立的工作能力和创新意识	（1）操作准确、规范； （2）工作任务完成的程度及质量； （3）独立工作能力； （4）解决问题能力	0～25分	0～25分	0～50分	（自评+小组评+教师评）×0.6
			权重0.6			
职业素养	（1）遵守规章制度、劳动纪律； （2）积极参加团队作业，有良好的协作精神； （3）能综合运用知识，有较强的学习能力和信息分析能力； （4）自觉遵守6S要求	（1）遵守纪律； （2）工作态度； （3）团队协作精神； （4）学习能力； （5）6S要求	0～25分	0～25分	0～50分	（自评+小组评+教师评）×0.4
			权重0.4			
评价	A（优秀）：90～100分 B（良好）：70～89分 C（合格）：60～69分 D（不合格）：59分及以下		能力+素养 总计得分			分
			等级			级

五、技能拓展

编制图 5-1-5 所示零件的加工程序。零件毛坯为零件一 φ50 mm×70 mm、零件二 φ50 mm×60 mm 棒料，材料为铝合金和 45 钢，分别编制两种被加工材料的使用加工刀具卡、加工工序卡、加工程序等工艺文件；操作数控车床完成零件的实际加工。

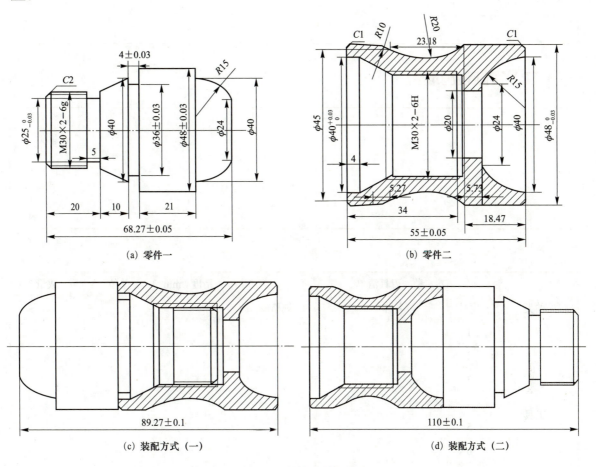

图 5-1-5 综合零件加工图

（一）加工工艺分析

1. 分析零件图

2. 确定加工方案及加工工艺路线

加工方案：

加工工艺路线：

（二）实施设施准备

工、量、刃具清单

工、量、刃具清单				精度 / mm	单位	数量
种类	序号	名称	规格			
工具	1					
	2					
	3					
	4					
	5					
	6					
	7					
	8					
量具	1					
	2					
	3					
	4					
	5					
	6					
	7					
	8					
	9					

续表

工、量、刃具清单				精度/mm	单位	数量
种类	序号	名称	规格			
刃具	1					
	2					
	3					
	4					
	5					
	6					
	7					
	8					
	9					

（三）编制加工工艺卡片

零件加工刀具卡

产品名称或代号			零件名称		零件图号	
序号	刀具号	刀具名称	数量	加工表面	刀尖半径 R/mm	刀尖方位 T	备注
编制		审核		批准	日期	共 页	第 页

零件加工工序卡

单位名称		产品名称或代号		零件名称		零件图号	
工序号	程序编号	夹具名称		使用设备		车间	
工步号	工步内容	刀具号	刀片规格 R/mm	主轴转速 n/(r·min^{-1})	进给速度 V_f/(mm·min^{-1})	切削深度 a_p/mm	备注
编制		审核		批准	日期	共 页	第 页

零件加工程序单

程序段号	程序内容	说明
程序名		

（四）操作数控车床，完成零件实际加工

任务 5-2　综合零件加工（二）

一、任务要求

如图 5-2-1～图 5-2-4 所示为零件图及零件配合方式图。

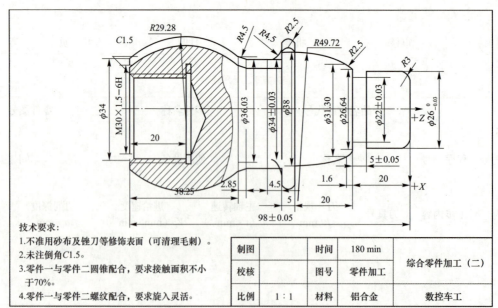

图 5-2-1　零件一和三维实体图

图 5-2-1 零件一和三维实体图（续）

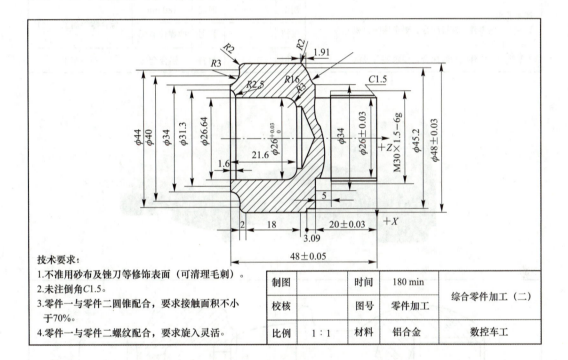

技术要求：
1. 不准用砂布及锉刀等修饰表面（可清理毛刺）。
2. 未注倒角C1.5。
3. 零件一与零件二圆锥配合，要求接触面积不小于70%。
4. 零件一与零件二螺纹配合，要求旋入灵活。

制图		时间	180 min	综合零件加工（二）
校核		图号	零件加工	
比例	1：1	材料	铝合金	数控车工

图 5-2-2 零件二和三维实体图

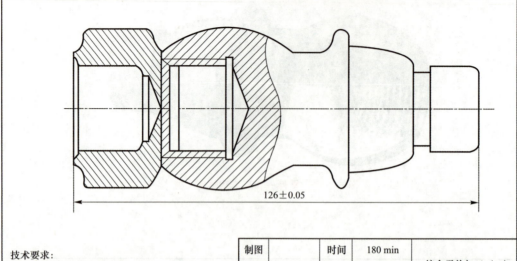

技术要求：
1. 零件一与零件二圆锥配合，要求接触面积不小于70%。
2. 零件一与零件二螺纹配合，要求旋入灵活。

制图		时间	180 min	综合零件加工（二）
校核		图号	两零件装配	
比例	1∶1	材料	铝合金	数控车工

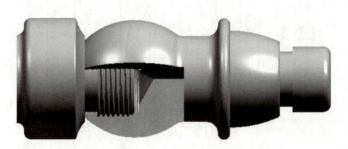

图 5-2-3　零件配合方式一

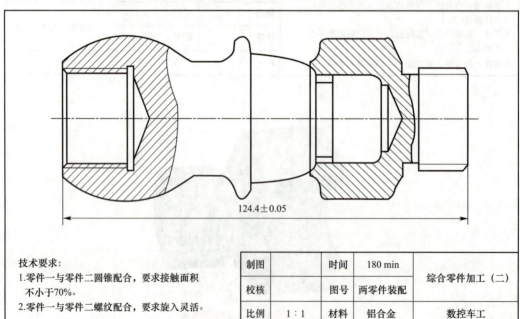

技术要求：
1. 零件一与零件二圆锥配合，要求接触面积不小于70%。
2. 零件一与零件二螺纹配合，要求旋入灵活。

制图		时间	180 min	综合零件加工（二）
校核		图号	两零件装配	
比例	1∶1	材料	铝合金	数控车工

图 5-2-4　零件配合方式二

任务 5-2 综合零件加工（二）

图 5-2-4 零件配合方式二（续）

要求：
（1）会识读零件图样。
（2）会制定配合类零件的加工工艺。
（3）会编制配合类零件加工程序。

二、学习目标

（1）掌握配合类零件加工方法。
（2）掌握精度控制方法。

三、任务实施

（一）加工工艺分析

1. 分析零件图

2. 确定加工方案及加工工艺路线

加工方案：

加工工艺路线：

（二）实施设施准备

工、量、刃具清单

种类	序号	名称	规格	精度/mm	单位	数量
工具	1					
	2					
	3					
	4					
	5					
	6					
	7					
	8					
量具	1					
	2					
	3					
	4					
	5					
	6					
	7					
	8					
	9					
刃具	1					
	2					
	3					
	4					
	5					
	6					
	7					
	8					
	9					

（三）编制加工工艺卡片

零件加工刀具卡

产品名称或代号		零件名称		零件图号		
序号	刀具号	刀具名称	数量	加工表面	刀尖半径 R/mm	刀尖方位 T	备注
编制		审核		批准		日期		共 页	第 页

零件加工工序卡

单位名称		产品名称或代号		零件名称		零件图号	
工序号	程序编号	夹具名称		使用设备		车间	
工步号	工步内容	刀具号	刀片规格 R/ mm	主轴转速 n/(r·min^{-1})	进给速度 V_f/(mm·min^{-1})	切削深度 a_p/ mm	备注
编辑		审核		批准		日期		共 页	第 页

零件加工程序单

程序名		
程序段号	程序内容	说明

（四）操作数控车床，完成零件实际加工

（五）综合零件加工（二）评分标准

1. 零件一检测项目

姓名		准考证			定额时间	90 min			
工种	数控车工	图号			加工时间				
设备	数控车床	零件名称	轴套类零件一		总分	38 分			
序号	考核项目	考核内容及要求	配分	评分标准	检查结果	扣分	得分	备注	
1	外圆及成形面	$\phi 26_{-0.03}^{0}$	IT	4	超差 0.01 扣 2 分				
2		$\phi 22\pm 0.03$	IT	4	超差 0.01 扣 2 分				
3		$\phi 48\pm 0.03$	IT	4	超差 0.01 扣 2 分				
4		$\phi 34\pm 0.03$	IT	4	超差 0.01 扣 2 分				
5	螺纹	M30×1.5-6H	IT	6	不合格不得分				
		Ra1.6	Ra						
6	长度	98±0.05	IT	4	超差 0.01 扣 2 分				
7	槽宽	5±0.03	IT	2	超差 0.01 扣 2 分				
8	圆弧	R3		1	不合格不得分				
9		R2.5		1	不合格不得分				
10		2-R4.5		1	不合格不得分				
11		R49.72		1	不合格不得分				
12		R29.28		1	不合格不得分				
13	光洁度	5-Ra1.6	Ra	5	每处降一级不得分				
程序编制		程序中有严重违反工艺的即取消考试资格；有小问题则酌情扣分，扣分不超过 20 分							
加工时间		30 min 后尚未开始加工即终止考试，90 min 后每超 1 min 扣 1 分							
监考员		考评员				成绩		日期	

2. 零件二检测项目

姓名		准考证		定额时间		90 min		
工种	数控车工	图号		加工时间				
设备	数控车床	零件名称	轴套类零件二	总分		36 分		
序号	考核项目	考核内容及要求	配分	评分标准	检查结果	扣分	得分	备注
1	外圆及成形面	$\phi26\pm0.03$	IT	4	超差 0.01 扣 2 分			
2		$\phi48\pm0.03$	IT	4	超差 0.01 扣 2 分			
3	内孔	$\phi26_0^{0.03}$	IT	4	超差 0.01 扣 2 分			
4	螺纹	M30×1.5-6g	IT	6	不合格不得分			
		Ra1.6	Ra					
5	圆弧	R16		1	不合格不得分			
6		R2		1	不合格不得分			
7		R3		1	不合格不得分			
8	长度	48±0.05	IT	6	超差 0.01 扣 2 分			
9		20±0.03	IT	6	超差 0.01 扣 2 分			
10	光洁度	3-Ra1.6	Ra	3	每处降一级不得分			
程序编制		程序中有严重违反工艺的即取消考试资格；有小问题则酌情扣分，扣分不超过 20 分						
加工时间		30 min 后尚未开始加工即终止考试，90 min 后每超 1 min 扣 1 分						
监考员		考评员		成绩		日期		

项目五　综合零件加工

3. 零件配合检测项目

姓名		准考证		定额时间		180 min	
工种	数控车工	图号		加工时间			
设备	数控车床	零件名称	轴套类零件配合	总分		26 分	
序号	考核项目	考核内容及要求	配分	评分标准	检查结果	扣分	得分	备注
1	配合	126±0.05	IT	5	不合格 不得分			
2		124.06±0.05	IT	5	不合格 不得分			
3		圆柱配合面积达 70%		8	不合格 不得分			
4		螺纹配合		8	不合格 不得分			
监考员		考评员		成绩		日期	
素质综合评分（评分：20 分）							
1		着装规范整洁		4				
2		工（量）具摆放规范		4				
3		开（关）机床顺序正确 注：关机床时床鞍停放位置合理		4				
4		工作结束后，清扫机床；保证机床及地面干净整洁		4				
5		按照正确的操作规程操机		4				
加工过程		加工过程中，如违反操作规程，造成工、量夹具的损坏，则取消其比赛资格						
程序编制		程序中有严重违反工艺的即取消考试资格；有小问题则酌情扣分，扣分不超过 20 分						
加工时间		30 min 后尚未开始加工即终止考试，90 min 后每超 1 min 扣 1 分						
监考员		考评员		总成绩		日期	

四、任务总结评价

（一）自我评估

　　针对能力目标，对自己在任务实施过程中的表现给出分数（满分 100 分）并用 A（优秀）、B（良好）、C（合格）、D（不合格）给出评价等级。

知识与能力		
问题与建议		
自我打分：___分		评价等级：___级

（二）小组评价

小组同学对该同学在任务实施过程中的表现给出分数（单项 0～20 分），并按上述定义予以客观、合理评价。

独立工作能力	学习创新能力	小组发挥作用	任务完成	其他
___分	___分	___分	___分	___分
五项总计得分：___分			评价等级：___级	

（三）教师评价

指导教师根据学生在学习及任务实施过程中的工作态度、综合能力、任务完成情况予以评价。

_____
_____
_____
_____得分：___分，评价等级：___级

（四）任务综合评价

姓 名		小组		指导教师	班		
					年 月 日		
项目	评价标准		评价依据	自评	小组评	教师评	小计分
				0～25分	0～25分	0～50分	（自评＋小组评＋教师评）×0.6
专业能力	（1）车削加工工艺制定正确，切削用量选择合理； （2）程序正确、简单、规范； （3）刀具选择及安装正确、规范； （4）工件找正及安装正确、规范； （5）工件加工完整、正确； （6）有独立的工作能力和创新意识		（1）操作准确、规范； （2）工作任务完成的程度及质量； （3）独立工作能力； （4）解决问题能力	权重0.6			

姓名		小组		指导教师		班	
						年 月 日	
项目		评价标准		评价依据	自评	小组评	教师评	小计分
职业素养	（1）遵守规章制度、劳动纪律； （2）积极参加团队作业，有良好的协作精神； （3）能综合运用知识，有较强的学习能力和信息分析能力； （4）自觉遵守6S要求		（1）遵守纪律； （2）工作态度； （3）团队协作精神； （4）学习能力； （5）6S要求	0～25分	0～25分	0～50分	（自评+小组评+教师评）×0.4
					权重0.4		
评价	A（优秀）：90～100分 B（良好）：70～89分 C（合格）：60～69分 D（不合格）：59分及以下		能力+素养 总计得分			分	
				等级		级	

五、技能拓展

编制图 5-2-5 所示零件的加工程序，零件毛坯为零件一 $\phi50\,mm\times210\,mm$、零件二 $\phi45\,mm\times110\,mm$ 棒料，材料为铝合金和 45 钢，分别编制两种被加工材料的使用加工刀具卡、加工工序卡、加工程序等工艺文件；操作数控车床，完成零件的实际加工。

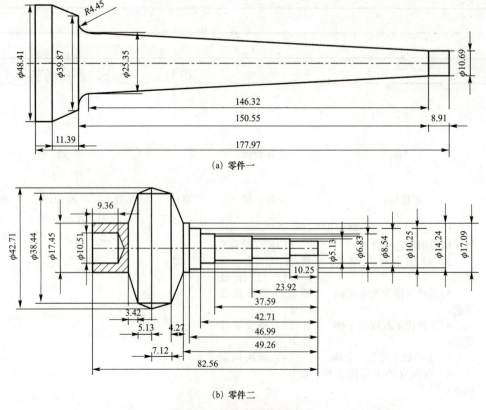

图 5-2-5 综合零件加工图

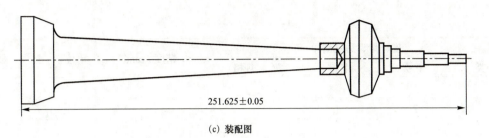

(c) 装配图

图 5-2-5 综合零件加工图（续）

（一）加工工艺分析

1. 分析零件图

2. 确定加工方案及加工工艺路线

加工方案：

加工工艺路线：

（二）实施设施准备

项目五　综合零件加工

工、量、刃具清单

种类	序号	名称	规格	精度/mm	单位	数量
工具	1					
	2					
	3					
	4					
	5					
	6					
	7					
	8					
量具	1					
	2					
	3					
	4					
	5					
	6					
	7					
	8					
	9					
刃具	1					
	2					
	3					
	4					
	5					
	6					
	7					
	8					
	9					

（三）编制加工工艺卡片

零件加工刀具卡

产品名称或代号		零件名称		零件图号		
序号	刀具号	刀具名称	数量	加工表面	刀尖半径 R/mm	刀尖方位 T	备注
编制		审核		批准		日期		共 页	第 页

零件加工工序卡

单位名称		产品名称或代号		零件名称		零件图号	
工序号	程序编号	夹具名称		使用设备		车间	
工步号	工步内容	刀具号	刀片规格 R/mm	主轴转速 n/(r·min^{-1})	进给速度 V_f/(mm·min^{-1})	切削深度 a_p/mm	备注
编辑		审核		批准		日期		共 页	第 页

零件加工程序单

程序名		
程序段号	程序内容	说明

（四）操作数控车床，完成零件实际加工

参考文献

[1] 禹诚. 数控车工理实一体化实训教程[M]. 武汉：华中科技大学出版社，2018.

[2] 于万成. 数控车削编程及加工[M]. 北京：高等教育出版社，2018.

[3] 耿国卿，米广杰，辛太宇. 数控车削编程与加工项目教程[M]. 北京：化学工业出版社，2016.

[4] 朱学超，刘旭. 数控车床实训项目化教程[M]. 北京：高等教育出版社，2016.

[5] 徐敏. 数控车削加工与实训一体化教程[M]. 北京：机械工业出版社，2017.

[6] 张慧英. 数控车削加工[M]. 北京：机械工业出版社．2018.

[7] 朱明松. 数控车床编程与操作项目教程[M]．2版．北京：机械工业出版社，2017.